Ireland spent
Knitting

织美堂高级定制时尚名媛毛衣

张翠　主编

辽宁科学技术出版社
·沈阳·

主　编：张翠

编组成员：蓝溪　小草　小乔　李俊　孙强　任俊　晨晨　布汐　蓓蕾　安邦　风兰　雪花　金牛　菲雪
丽丽　玲玲　随缘　婉玉　木瓜　砂砂　姗姗　沉默　迷离　翔妈　颖妈　蒙昧　杜曼若安
无想　琳玲　莹宽　昊昊　胡芸　小凡　落叶　舒荣　陈燕　邓瑞　飞蛾　逸瑶　梦京　李俐
刘晓瑞　田伶俐　张燕华　吴晓丽　郭建华　李东方　指花开　林宝贝　清爽指　大眼睛　江城子　忘忧草　色女人　谭延莉
风之花　蓝云海　泇果是　欢乐梅　一片云　花狍子　张京运　莺飞草　陈梓敏　水中花　陈小春　陈红艳　冰珊瑚　刘金萍
杨素娟　袁相荣　徐君君　黄燕莉　卢学英　赵悦霞　周艳凯　雅虎编织　南宫lisa　紫色白狐　宝贝飞翔　KFC猫　雪山飞狐
张　霞　色彩传说旗舰店　爱心坊手工编织　夕阳西下

图书在版编目（CIP）数据

织美堂高级定制时尚名媛毛衣/张翠主编. —沈阳：辽宁科学技
术出版社，2013.9

ISBN 978‐7‐5381‐8190‐6

Ⅰ.①织… Ⅱ.①张… Ⅲ.①女服—毛衣—编织—图
集　Ⅳ.①TS941.763.2‐64

中国版本图书馆CIP数据核字（2013）第176123号

出版发行：辽宁科学技术出版社
　　　　　（地址：沈阳市和平区十一纬路29号　邮编：110003）
印刷者：利丰雅高印刷（深圳）有限公司
经销者：各地新华书店
幅面尺寸：210mm×285mm
印　张：8
字　数：400千字
印　数：1~8000
出版时间：2013年9月第1版
印刷时间：2013年9月第1次印刷
责任编辑：赵敏超
封面设计：幸琦琪
版式设计：幸琦琪
责任校对：李淑敏

书　号：ISBN 978‐7‐5381‐8190‐6
定　价：26.80元

联系电话：024‐23284367
邮购热线：024‐23284502
E‐mail：473074036@qq.com
http://www.lnkj.com.cn
敬告读者：
本书采用兆信电码电话防伪系统，书后贴有防伪标签，全国统一防伪查询电
话16840315或8008907799（辽宁省内）

目录 CONTENTS

当下最流行的时尚毛衣

Latest Fashion Design

knitting sweater 作品01

preparation method
做法 p65

Latest Fashion Design
knitting sweater 作品02

preparation method
做法 p66

Latest Fashion Design
knitting sweater n°03

preparation method
做法 p67

Latest Fashion Design

knitting sweater 作品04

preparation method
做法 p68

Latest Fashion Design
knitting sweater 作品05

preparation method
做法 p69

Latest Fashion Design

knitting sweater 作品06

preparation method
做法 p70

Latest Fashion Design

knitting sweater 作品07

preparation method
做法 p71

Latest Fashion Design

knitting sweater 作品08

preparation method
做法 p72

Latest Fashion Design

knitting sweater 作品09

preparation method
做法 p73~75

Latest Fashion Design
knitting sweater 作品10

preparation method
做法 p76

Latest Fashion Design
knitting sweater 作品11

preparation method
做法 p77

Latest Fashion Design

knitting sweater 作品12

preparation method
做法 p78

Latest Fashion Design
knitting sweater 作品13

preparation method
做法 p79

Latest Fashion Design

knitting sweater 作品14

preparation method
做法 p80~81

Latest Fashion Design

knitting sweater 作品15

preparation method

做法 p82

Latest Fashion Design
knitting sweater 作品16

preparation method
做法 p83

Latest Fashion Design

knitting sweater 作品17

preparation method
做法 p84

Latest Fashion Design

knitting sweater 作品18

preparation method　　　做法 p85

Latest Fashion Design

knitting sweater 作品19

preparation method
做法 p86

Latest Fashion Design
knitting sweater 作品20

preparation method
做法 p87

Latest Fashion Design
knitting sweater 作品21

preparation method
做法 p88

Latest Fashion Design
knitting sweater 作品22

preparation method
做法 p89

Latest Fashion Design
knitting sweater 作品23

preparation method
做法p90

Latest Fashion Design
knitting sweater 作品24

preparation method
做法 p91

Latest Fashion Design
knitting sweater 作品25

preparation method   做法 p92

Latest Fashion Design
knitting sweater 作品26

preparation method
做法 p92

Latest Fashion Design

knitting sweater 作品27

preparation method
做法 p93

Latest Fashion Design
knitting sweater 作品28

preparation method
做法 p94

Latest Fashion Design

knitting sweater 作品29

preparation method   做法 p95~96

Latest Fashion Design
knitting sweater 作品30

preparation method
做法 p97~98

Latest Fashion Design

knitting sweater 作品31

preparation method   做法 p99

Latest Fashion Design
knitting sweater 作品32

preparation method
做法 p100

preparation method
做法 p101

Latest Fashion Design

knitting sweater 作品33

stylish ■elegant

Latest Fashion Design
knitting sweater 作品34

preparation method
做法 p102

Latest Fashion Design
knitting sweater 作品35

preparation method   做法 p103

Latest Fashion Design
knitting sweater 作品36

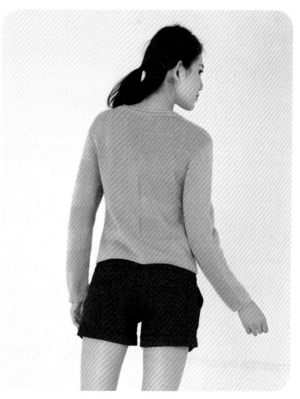

preparation method
做法 p104

Latest Fashion Design
knitting sweater 作品37

preparation method
做法 p105~107

Latest Fashion Design
knitting sweater 作品38

preparation method
做法 p108

Latest Fashion Design

knitting sweater 作品39

preparation method   做法 p109~110

Latest Fashion Design

knitting sweater 作品40

preparation method
做法 p111

Latest Fashion Design

knitting sweater 作品41

preparation method
做法 p112

Latest Fashion Design

knitting sweater 作品42

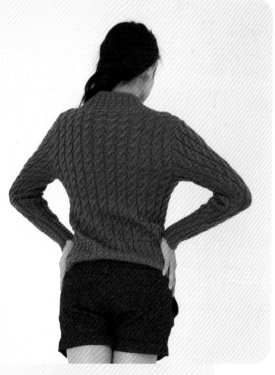

preparation method 做法 p113

Latest Fashion Design

knitting sweater 作品43

preparation method
做法 p114

Latest Fashion Design

knitting sweater 作品44

preparation method
做法 p115~117

Latest Fashion Design
knitting sweater 作品45

preparation method
做法 p118

Latest Fashion Design

knitting sweater 作品46

preparation method 做法 p119

Latest Fashion Design

knitting sweater 作品47

preparation method
做法 p120

Latest Fashion Design
knitting sweater 作品48

preparation method
做法 p121

Latest Fashion Design

knitting sweater 作品49

preparation method
做法 p122

Latest Fashion Design

knitting sweater 作品50

preparation method
做法 p123

Latest Fashion Design
knitting sweater 作品51

preparation method
做法 p124

Latest Fashion Design
knitting sweater 作品52

preparation method
做法 p125

Latest Fashion Design

knitting sweater 作品53

preparation method
做法 p126

Latest Fashion Design
knitting sweater 作品54

preparation method
做法 p127

Latest Fashion Design
knitting sweater 作品55

preparation method
做法 p128

作品01

【成品规格】	衣长77cm，半胸围50cm，肩连袖长37cm
【工　具】	9号棒针
【编织密度】	10针×16行=10cm²
【材　料】	中粗2股棉线800g

编织要点:

1.棒针编织法，衣身分为前片和后片分别编织。

2.起织后片，单罗纹针起针法，起61针，织花样A，织34行后，将织片减针至50针，改织花样B，织至92行，

第93行两侧各平加14针，然后按2-1-8的方法加针编织，织至108行，两侧按2-1-5，1-1-21，2-5-1，2-6-1的方法减针编织，织至123行，织余下20针，收针断线。

3.起织前片，单罗纹针起针法，起61针，织花样A，织32行后，将织片减针至50针，改织花样B，将织片第2~19行，第32~49收针作为袋口，次行同一位置，分别加起18针，继续织至67行，第68将织片分成左右两片分别编织，中间12针作为领口，重叠编织花样A，织至90行，第91行两侧各平加14针，然后按2-1-8的方法加针编织，织至108行，两侧按2-1-5，1-1-21，2-5-1，2-6-1的方法减针编织肩部，同时中间领口按2-8-1，2-6-1，2-4-1，2-2-1，2-1-1的方法减针，织至121行，两侧肩部分别余下1针，收针断线。

4.将前片的侧缝对应后片的侧缝缝合。

5.编织口袋，挑起前片袋口加起的18针，在衣身里侧往下编织花样B，织30行后，将袋片左右侧及底部与前片对应缝合。

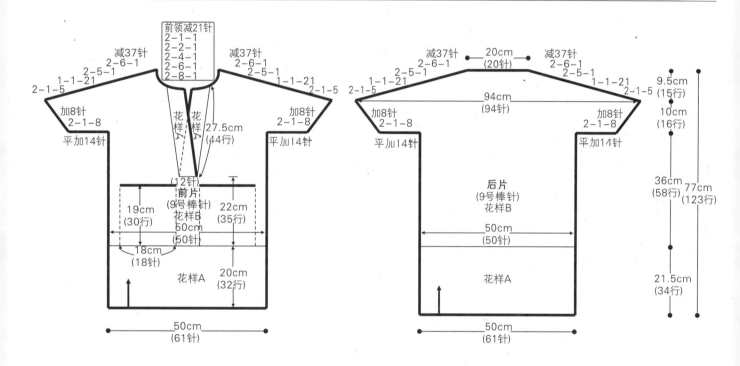

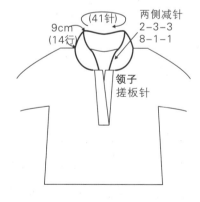

领片制作说明

沿领口挑起41针织花样A，一边织一边按8-1-1，2-3-3的方法两侧减针，共织14行，收针断线。

符号说明

□	上针
□=□	下针

2-1-3　行-针-次

花样A

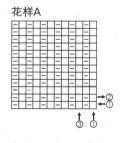

花样B

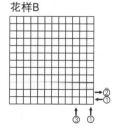

作品02

【成品规格】 裙长80cm，半胸围50cm，
肩宽36.5cm

【工 具】 5号棒针

【编织密度】 17.6针×27.8行=10cm²

【材 料】 灰色西班牙单股线500g
灰色细羊绒线200g

编织要点:

1.棒针编织法。由前片、后片和领片组成。用6号棒针编织，从下往上编织。
2.前片的编织，下针起针法，起88针，起织下针，织4行，下一行分配花样，两边各13针编织上针，中间织6行一针后，全改织下针，照此分配，不加减针，织

126行的高度后至袖窿，下一行起袖窿减针，两边各减12针，2-1-12，当织成袖窿算起18行的高度时，下一行将织片分为两半，并进行前衣领边减针，减针方法是，2-1-14，4-1-10，织成68行，至肩部余下8针，收针断线。
3.后片的编织。袖窿以下的编织与前片相同，袖窿起减针与前片相同，当织成袖窿算起72行高度后，下一行中间收针36针，两边减针，2-2-2，2-1-2，织成8行，再织6行至肩部余下8针，收针断线。将前后片的肩部对应缝合，再将侧缝对应缝合。
4.袖片织法。沿着袖口边，挑出100针，起织下针，并在腋下3针上进行并针，3针并为1针，中间1针在上。进行4次并针，织成8行后，收针断线。另一边织法相同。
5.领片织法。沿前领窝两边各挑72针、后领窝挑76针，共挑起220针，起织花样A，收针断线。在前衣领V转角处为两侧终端，来回编织，两侧边进行减针，2-1-13，织花样A20行后，全改织下针，织6行，完成后，收针断线，将V处的两侧边往内对应缝合，衣服完成。

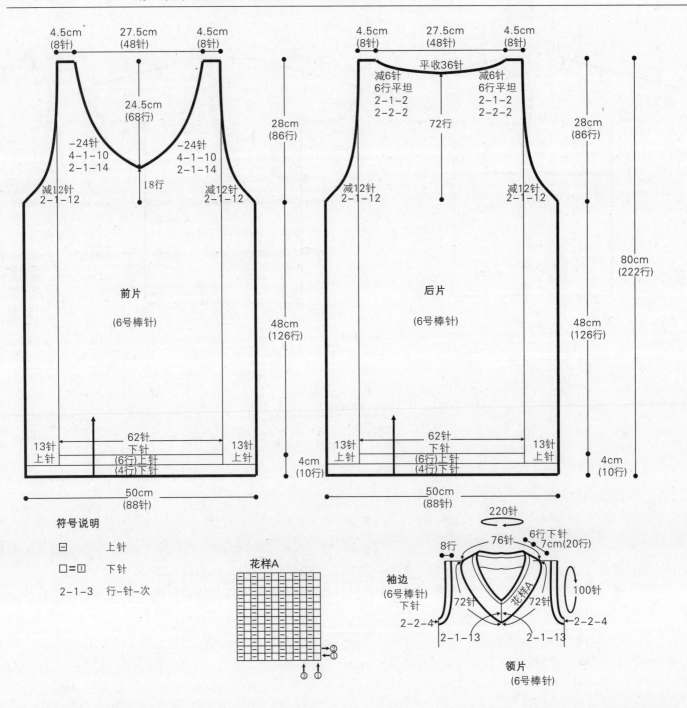

符号说明

□　　上针

□=□　　下针

2-1-3　行-针-次

花样A

袖边
(6号棒针)
下针

领片
(6号棒针)

作品03

【成品规格】	胸宽40cm，衣长42.5cm，肩宽32cm
【工　　具】	9号棒针
【编织密度】	26针×35行＝10cm²
【材　　料】	淡粉色麻线350g，棉线350g

编织要点：

1.先织后片，用9号棒针起105针，织下针，不加不减织23cm到腋下，按图示，进行袖窿减针，织62行，用往

返针织斜肩，如图，织至最后4行，按图示进行后领减针，肩留15针，待用。

2.前片，用9号棒针起89针，其中38针织下针，51针织元宝针，不加不减织23cm到腋下，如图，进行腋下减针，4行减2针减5次，4行减1针减1次，织到24行后，开始加针，8行加1针加3次，袖窿长62行，衣片织至118行时，进行领口减针，减针方法如图，织至衣长最后6行，用往返针织斜肩，如图，肩留15针，待用。用相同的方法另一片前片。

3.袖，用9号棒针起54针，如图示，编织花样A，织到20行按图进行袖下加针，织到52行时，上针改织下针，织至72行全部编织下针，袖下共织148行，然后按图示，进行袖山减针，4行减2针减12次，减针完毕，袖山形成。

4.按图示分别编织衣摆和领子。

5.缝合，分别缝合肩线、腋下线和袖子，并缝合衣摆和领子。

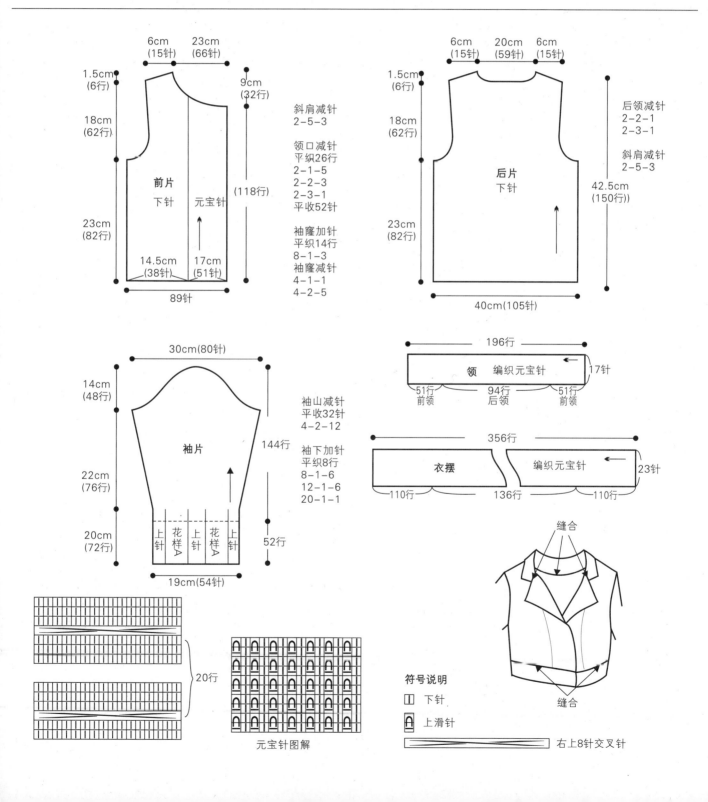

符号说明

Ⅲ 下针

Ꙫ 上滑针

右上8针交叉针

元宝针图解

作品04

【成品规格】 胸宽40cm，衣长47cm，肩宽
31.5cm，袖长51.5cm

【工 具】 9号、10号棒针

【编织密度】 25针×32行=10cm²

【材 料】 羊绒线400g

25cm到腋下，按图示，进行袖隆减针，袖隆织17.5cm，按图示，进行斜肩减针，织至最后2cm，按图示，进行后领减针，肩留14cm，待用。

2.前片，用10号棒针起51针，编织下针12行，对折，缝合，换9号棒针，编织花样A，不加不减织25cm到腋下，按图进行袖隆减针，织至衣长41.5cm，开始领口减针，如图，织至最后2.5cm，按图示进行斜肩减针，肩留14针，待用；用相同的方法编织另一前片。

3.袖，用10号棒针起44针，编织下针12行，对折，缝合，换9号棒针，编织花样A，并按图示进行袖下加针，织35.5cm到腋下，进行袖山减针，减针方法如图，减针完毕，袖山形成；用相同的方法编织另一只袖子。

4.缝合，分别合并肩线和侧缝线，并缝合袖子。

5.领、门襟，分别用10号棒针按图示编织单罗纹。

编织要点:

1.先织后片 用10号棒针起100针，编织下针12行，对折，缝合，换9号棒针，编织花样A，不加不减织

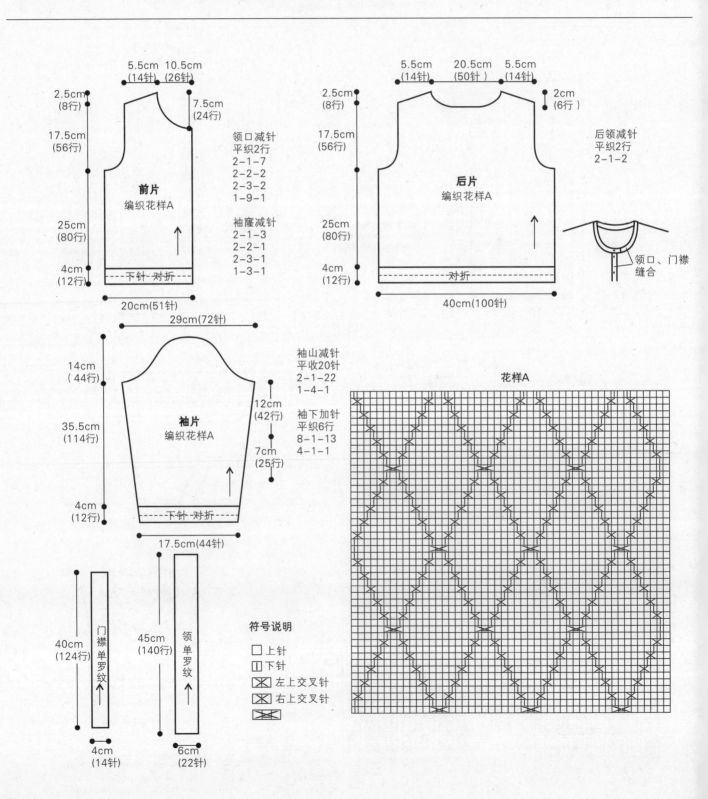

作品05

【成品规格】　长115cm，宽35cm

【工　　具】　3.0mm可乐钩针

【材　　料】　褐色毛线200g

编织要点：

1.参照图1的图解，钩单元花4个并拼合。
2.参照图2的图解，圈钩图2的单元花1个，并与图1拼合。
3.参照图3的图解，钩10组花样，并与拼花合并。
4.参照花边的图解，钩花边2行。

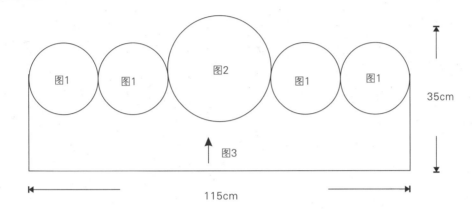

图1的图解：

图2的图解：

每行圈钩

花边的图解：

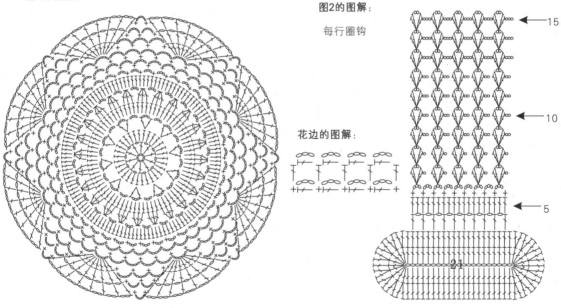

图3的图解：

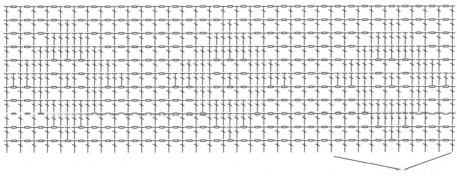

1组花样。

作品06

【成品规格】	胸宽45cm，衣长75.5cm，肩宽45cm
【工　具】	9号、6号棒针
【编织密度】	19针×24.5行=10cm²
【材　料】	金线400g，3股合

编织要点：

1.先织后片，用9号棒针起112针，编织双罗纹9行，换6号棒针，编织花样A，织至最后12行，按图示开始斜肩减针，织至最后8行时，如图，进行后领减针，肩留23针，待用。前片编织方法相同。

2.缝合，合并肩线，缝合袖下线。

3.领口，按图挑136针，编织双罗纹9行。

4.袖，按图挑96针，编织双罗纹29行，对折，缝合。

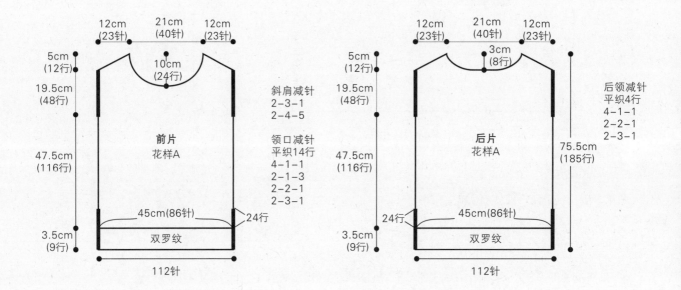

前片
花样A

斜肩减针
2-3-1
2-4-5

领口减针
平织14行
4-1-1
2-1-3
2-2-1
2-3-1

45cm(86针)　24行

双罗纹

112针

后片
花样A

后领减针
平织4行
4-1-1
2-2-1
2-3-1

75.5cm
(185行)

45cm(86针)

双罗纹

112针

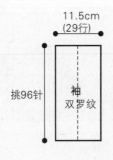

11.5cm
(29行)

挑96针

袖
双罗纹

领
挑织双
罗纹136针

袖
挑织96针

符号说明

| | 下针
〇 放针
人 拨针
入 2针并1针

花样A

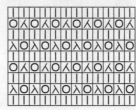

作品07

【成品规格】　宽35cm，长110.5cm

【工　　具】　8号棒针

【编织密度】　15针×19行=10cm²

【材　　料】　清凉棉线600g，5股合

编织要点:

一片织到底。

1.用8号棒针起53针，编织下针，织12行，第13行开始编织花样(以下均为单数行)，先织28针下针，停织，再织下面的4针，往返织4行，然后与余下的21针一起织下针，第一个花样完成；接着织第二个花样，先织13针下针，停织，再织下面的4针，往返织4行，然后织余下的36针，接着织4行下针，第三个花样，先织18针下针，停织，再织下面的4针，织往返织4行，然后与余下的31针一起织下针；第四个花样，先织7针下针，停织，再织下面的4针，往返织4行，与余下的42针一起织下针，接着织2行下针；第五个花样，这时开始腋下减针如图示，1针下针，2针并1针，织31针下针，停织，再织4针下针，往返织4行，接着织余下的15针，第六个花样，织22针下针，停织，再织下面的4针下针，往返织

4行，接着与留下的24针一起织下针；第七个花样，织9针下针，停织，再织下面的4针，往返织4行，再织下面的24针，织完24针，再织4针4行往返织，然后与余下的8针一起织下针，织4行；第八个花样，9针下针，4针往返织4行，8针下针，4针往返织4行，12针下针，4针往返织4行，3针下针，再织4行下针；第九个花样，4针下针，4针往返织4行，6针下针，6针往返织6行，8针下针，5针往返织4行，11针下针，再织4行下针；第十个花样，9针下针，6针往返织6行，4针下针，6针往返织6行，7针下针，5针往返织4行，6针下针，再织4行下针；第十一个花样，4针下针，4针往返织4行，4针下针，5针往返织4行，6针往返织6行，6针下针，5针往返织4行再织4行下针；第十二个花样，7针下针，6针往返织6行，11针下针，6针往返织6行，10针下针，再织2行下针；第十三个花样，12针下针，5针往返织4行，13针下针，6针往返织6行，10针下针，再织2行下针；第十四个花样，4针下针，5针往返织4行，5针下针，5针往返织4行，5针下针，5针往返织4行，9针下针，再织下针2行；第十五个花样，9针下针，4针往返织4行，6针往返织6行，5针往返织4行，2针下针，再织2行下针；第十六个花样，3针下针，5针往返织4行，7针下针，4针往返织4行，7针下针，5针往返织4行，7针下针，再织4行下针；第十七个花样，8针下针，6针往返织6行，5针下针，6针往返织6行，6针下针，5针往返织4行，2针下针，再织2行下针；第十八个花样，9针下针，5针往返织4行，8针下针，5针往返织4行，11针下针，再织2行下针；接下来的花样与以上相同，第十七个花样变为第十九个花样，以此来推，不再重复。

2.相同符号的地方缝合。

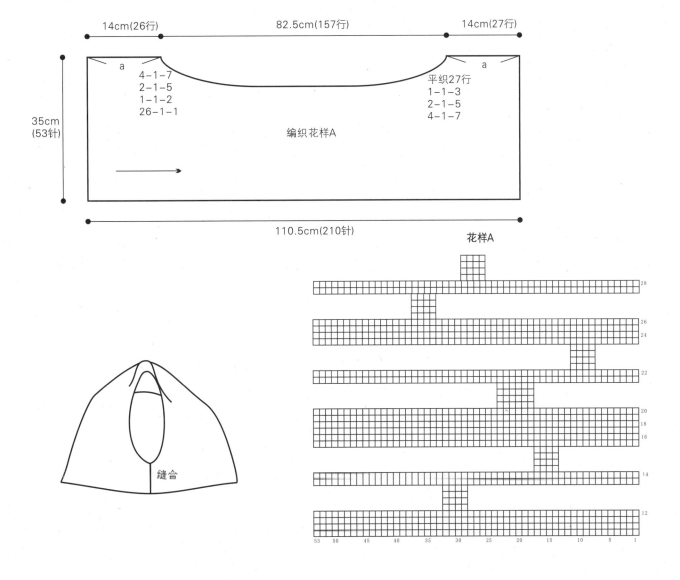

编织花样A

花样A

14cm(26行)　82.5cm(157行)　14cm(27行)

35cm
(53针)

4-1-7
2-1-5
1-1-2
26-1-1

平织27行
1-1-3
2-1-5
4-1-7

110.5cm(210针)

缝合

作品08

【成品规格】	胸宽45cm，衣长47.5cm，肩宽33cm，袖长46cm
【工　　具】	8号棒针
【编织密度】	20针×33.5行=10cm²
【材　　料】	中粗毛线550g，白色花边90cm

编织要点：

1.先织后片，用9号棒针起90针，编织桂花针，两侧按图示加减针，织27.5cm到腋下，按图示，进行袖隆减针，袖隆织18cm，织至最后2cm，按图示，进行后领和斜肩减针，肩留15针，待用。

2.前片，用8号棒针起45针，编织桂花针，两侧按图示加减针，织27.5cm到腋下，开始袖隆减针，减针方法如图，织至134行时，按图示进行领口减针，织至衣长最后2cm，开始斜肩减针，肩留15针，待用。用相同的方法编织另一只袖子。

3.袖，用8号棒针起42针，编织桂花针，两侧按图示进行袖下加针，织32cm到腋下，进行袖山减针，减针方法如图，减针完毕，袖山形成。

4.缝合，分别合并肩线和侧缝线，并缝合袖子。

5.领，挑织桂花针20行。

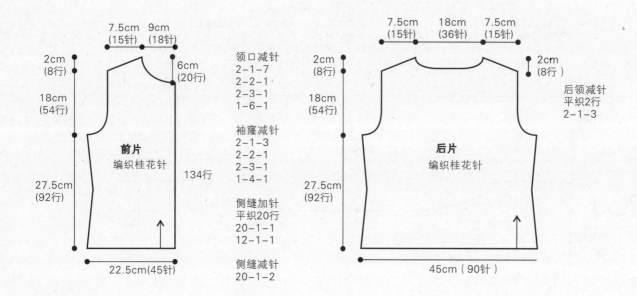

前片

7.5cm（15针）　9cm（18针）

2cm（8行）　18cm（54行）　27.5cm（92行）

6cm（20行）

134行

22.5cm（45针）

前片 编织桂花针

领口减针
2-1-7
2-2-1
2-3-1
1-6-1

袖隆减针
2-1-3
2-2-1
2-3-1
1-4-1

侧缝加针
平织20行
20-1-1
12-1-1

侧缝减针
20-1-2

后片

7.5cm（15针）　18cm（36针）　7.5cm（15针）

2cm（8行）　18cm（54行）　27.5cm（92行）

2cm（8行）

后片 编织桂花针

后领减针
平织2行
2-1-3

45cm（90针）

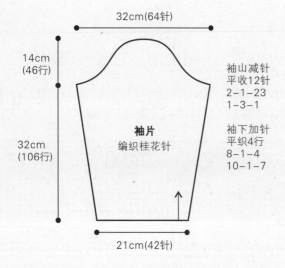

32cm（64针）

14cm（46行）

32cm（106行）

袖片 编织桂花针

21cm（42针）

袖山减针
平收12针
2-1-23
1-3-1

袖下加针
平织4行
8-1-4
10-1-7

花边
缝合

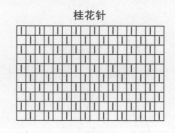

桂花针

符号说明

□ 上针

Ⅱ 下针

作品09

【成品规格】	长57cm，胸围90cm
【工　　具】	2.0mm可乐钩针
【材　　料】	木兰阁冬日绒线400g

编织要点:

1. 结构图，由图1所示，此款作品为开衫披肩式背心，由左右前片与后片组成。注意：后片与后领口不需要缝合。

2. 右前片，前片为基本花样钩织，8针为1组花样，见图2。参照图3起79锁针，第1行为8针1组花样，由第2行起逐行加针，加针方法如图3所示，加至第10行后，不加

不减钩至59行。由第60行起收袖窿，减针方法如图所示。由第76行起逐行加针至94行成为前片领子；第95行起开始减针至103行为肩线。第104行起逐行加针至111行，由第112行起不加不减钩至126行为后披肩。

3. 左前片，参照图4起79针锁针，然后，按照右前片的花样、钩织方法及加减针的方法完成，钩至第126行时，边钩边与右前片的第126行相拼接。

4. 后片，参照图5起124针锁针，在锁针上钩1行61组的方格为后片衣身及下摆的分界线。①由方格行往上钩短针为衣身，按照图5中后片的结构图所示加、减针，共钩155行。②由方格行往下钩下摆，第1行，钩124针长针，由第2行起钩2针内钩长针2针外钩长针为1组花样共31组，不加减针钩17行。

5. 缝合，将前、后片肩线及侧缝对齐，用短针拼合肩线及腋下侧缝，注意，左右前片不需要与后片领口缝合。

6. 边缘，参照图6分别钩袖口、领口及衣服外围边缘。

图1.
结构图

正面图　　　后面图

70cm

42cm　　　42cm

前幅左右2片　　5组基本花样

花边25组花样　　花边84组花样

图4　图3

90cm
(126行)

花边27组花样

后幅1片

9cm 20cm 9cm

23cm　57cm

图5

17行　图5　10cm

124针

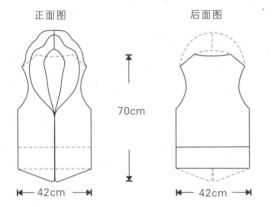

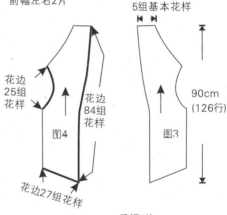

图2.基本图解

10

5

1

8针1组花样

图6.花边图解

披肩1圈65组花样

2

1

1组花样

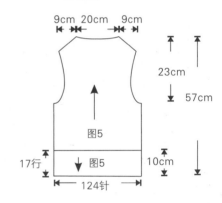

图4.左边前幅起针方法 (其他参照右边前幅，与之对称)

起针

79针辫子

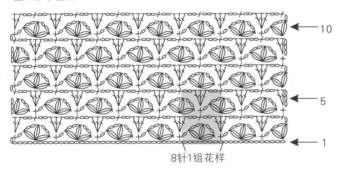

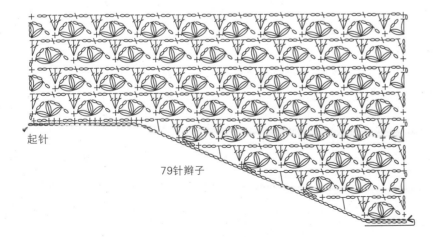

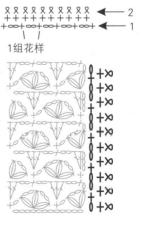

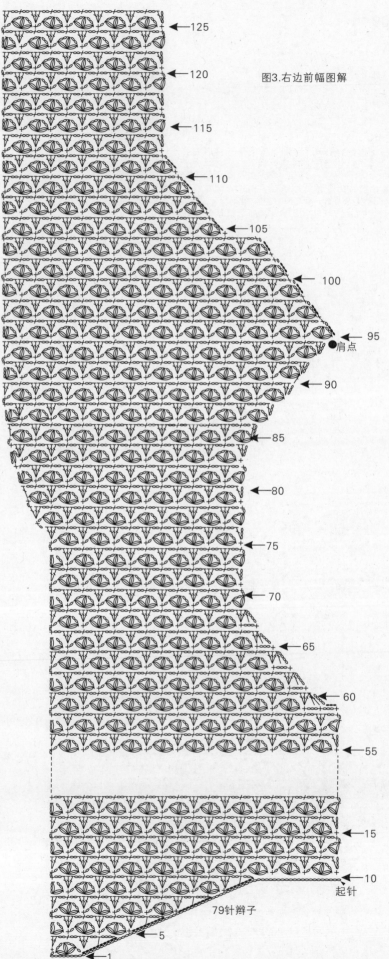

图3.右边前幅图解

←125

←120

←115

←110

←105

←100

←95　●肩点

←90

←85

←80

←75

←70

←65

←60

←55

←15

←10　起针

79针辫子

←5

←1

图5.后幅图解

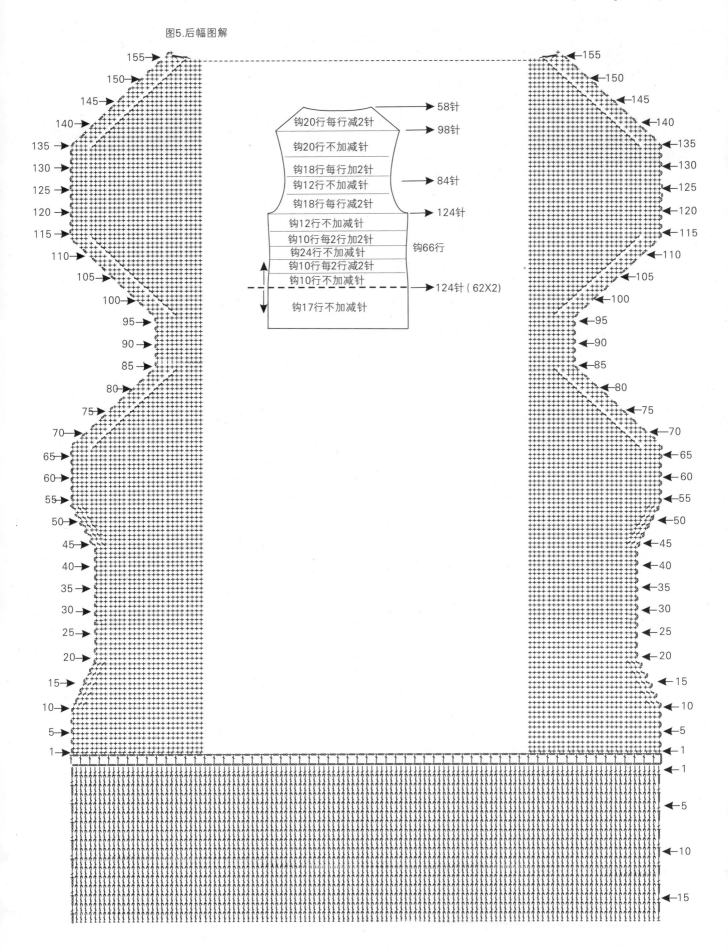

58针

钩20行每行减2针

98针

钩20行不加减针

钩18行每行加2针

钩12行不加减针

84针

钩18行每行减2针

124针

钩12行不加减针

钩10行每2行加2针

钩24行不加减针
钩66行

钩10行每2行减2针

钩10行不加减针

124针（62X2）

钩17行不加减针

作品10

【成品规格】 长121cm，宽65.5cm，袖长46.5cm

【工　　具】 7号环形针

【编织密度】 21针×28行=10cm²

【材　　料】 蓝色手编线800g，2股合

编织要点：

一片织至底，再单独织一只袖子。

1.身片，用7号环形针起131针，编织10行单罗纹，均匀减针至125针，编织花样A，如图示采用引退针进行加针，同时衣摆按图进行加针和减针，织至衣摆侧260行时，开始编织袖隆；把衣片分为58针、61针两片；先织61针部分，按图减针，减至最后剩30针，停织；然后再织58针部分，按图进行加针，加到89针，两片合在一起继续往上织，织到衣领侧278行时，按图，用引退针法减针，下摆继续按图减针，减织114针，挨织单罗纹，单罗纹加针到117针，编织10行单罗纹，收针断线。

2.袖片，用7号环形针起45针，按图进行袖下加针，织98行，加到67针，开始袖山减针，如图示。

3.缝合，缝合袖下线和袖隆线。

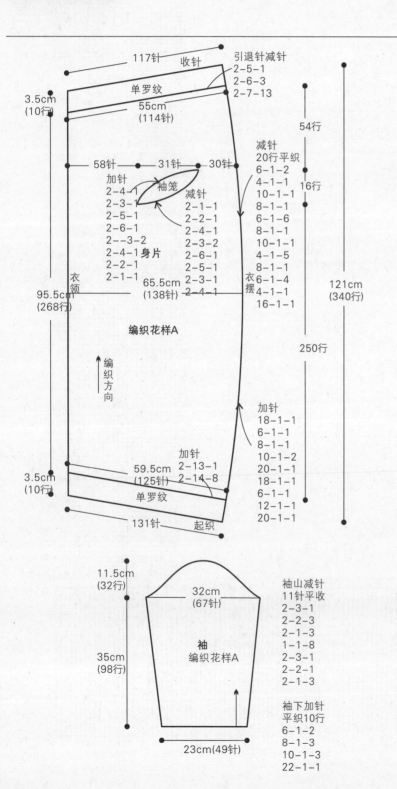

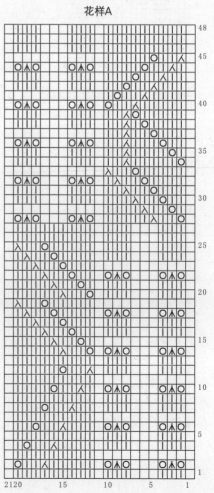

符号说明

符号	说明
☐	下针
☐	上针
⊙	放针
⊠	拨针
⊿	2针并1针
⚠	中上3并针

花样A

作品11

【成品规格】 胸宽43cm，衣长62cm，
袖长39cm，肩宽39.5cm

【工　具】 8号、10号棒针

【编织密度】 下针：13针×17行=10cm²
单罗纹针：17针×17行=10cm²

【材　料】 绿色手编线650g

编织要点：

1.先织后片，用8号棒针起62针，编织下针，两侧按图示减针，织56行，减至56针，进行袖窿减针，首先一次

收掉4针，然后2行减2针1次，2行减1针4次，减针完毕，编织育克部分；育克编织单罗纹，按图示加针，每2行加2针共加8次，完成，进行斜肩减针，如图，后领为30针，收针，断线。

2.前片，用8号棒针起36针（其中5针为门襟，编织单罗纹），采用退引针法按图示加针5次，两侧按照14行减1针，均匀减针到门襟侧53行时，开始编织育克，织至侧缝侧56行，按图示，进行袖窿减针，减针完毕，按图，开始育克加针，织至最后20行，按图进行领口减针，斜肩为19针，收针，断线。

3.袖片，用8号棒针起23针，按图进行袖下加针，织58行，加到39针，开始袖山减针，如图示。

4.口袋，10号棒针起35针，织18行，按图减针。

3.缝合，缝合肩线、袖下线和袖窿线，并缝合口袋。

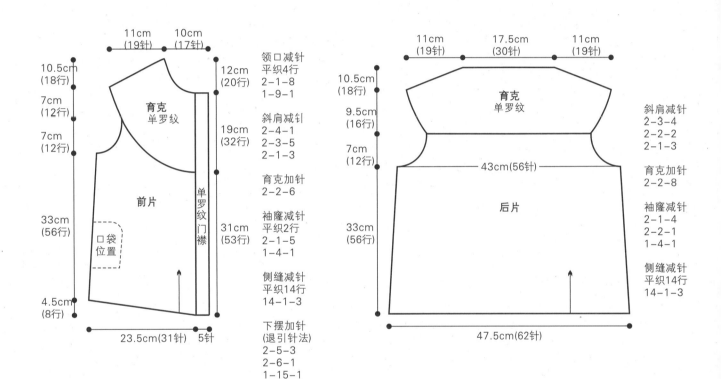

前片：

11cm（19针）　10cm（17针）

10.5cm（18行）
7cm（12行）
7cm（12行）

育克
单罗纹

单罗纹门襟

前片

口袋位置

33cm（56行）

4.5cm（8行）

23.5cm（31针）　5针

领口减针
平织4行
2-1-8
1-9-1

12cm（20行）

斜肩减针
2-4-1
2-3-5
2-1-3

19cm（32行）

育克加针
2-2-6

袖窿减针
平织2行
2-1-5
1-4-1

31cm（53行）

侧缝减针
平织14行
14-1-3

下摆加针
（退引针法）
2-5-3
2-6-1
1-15-1

后片：

11cm（19针）　17.5cm（30针）　11cm（19针）

10.5cm（18行）
9.5cm（16行）
7cm（12行）

育克
单罗纹

43cm（56针）

后片

33cm（56行）

47.5cm（62针）

斜肩减针
2-3-4
2-2-2
2-1-3

育克加针
2-2-8

袖窿减针
2-1-4
2-2-1
1-4-1

侧缝减针
平织14行
14-1-3

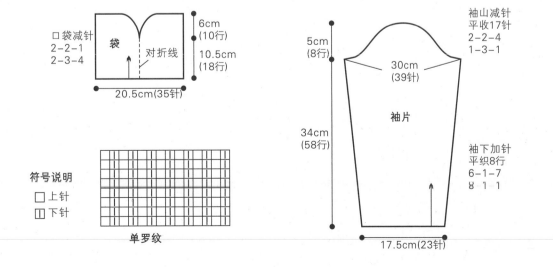

口袋：

口袋减针
2-2-1
2-3-4

袋

对折线

6cm（10行）

10.5cm（18行）

20.5cm（35针）

符号说明

□ 上针
▦ 下针

单罗纹

袖片：

5cm（8行）

30cm（39针）

34cm（58行）

袖片

17.5cm（23针）

袖山减针
平收17针
2-2-4
1-3-1

袖下加针
平织8行
6-1-7
8-1-1

作品12

【成品规格】	长65cm，宽65cm，袖长47cm
【工　　具】	6号棒针
【编织密度】	20针x20行=10cm²
【材　　料】	粗毛线600g

编织要点：

1.身片，一片编织，用6号棒针起132针，编织花样A，不加不减织65cm，收针，断线。

2.袖，用6号棒针起44针，编织双罗纹，两侧按图示加针，编织47cm，收针，断线；用相同的方法编织另一只袖子。

3.缝合，缝合a与a'，b与b'，并缝合袖下线和袖子。

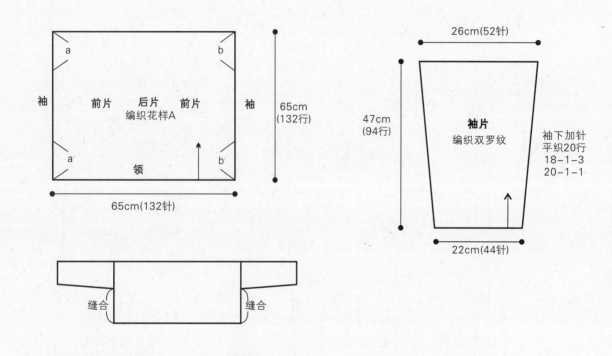

花样A

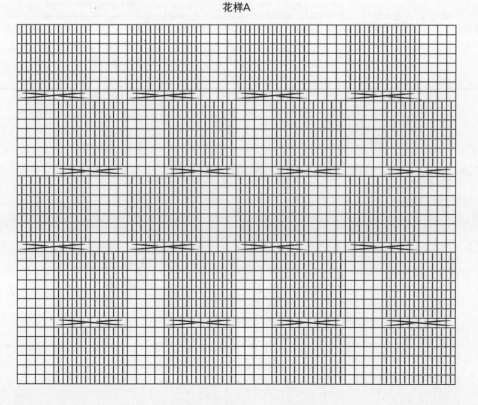

符号说明

☐ 上针

☐ 下针

左上4针交叉针

右上4针交叉针

作品13

【成品规格】 胸宽40cm，衣长38cm，
肩宽30cm，袖长59cm

【工　　具】 7号棒针

【编织密度】 16针×20行＝10cm²

【材　　料】 黑色羊绒线350g，4股合，纽扣4枚

编织要点:

1.先织后片，用7号棒针起53针，编织4行单罗纹，换织花样A，两侧按图示加针，织19cm到腋下，按图示，进行袖隆减针，袖隆织17cm，织至最后2cm，按图示，进行斜肩和后领减针，肩留10针，待用。

2.前片，用7号棒针起17针，编织4行单罗纹，换织花样A编织，两侧按图示加针，织19cm到腋下，按图进行袖隆减针，织至最后5cm，按图示进行领口减针，织至最后4行，按图示进行斜肩减针，肩留10针，待用。

3.袖，用7号棒针起35针，编织单罗纹4行，换织花样A，并按图示进行袖下加针，织46cm到腋下，进行袖山减针，减针方法如图，减针完毕，袖山形成；用相同的方法编织另一只袖子，编织花样A。

4.缝合，分别合并肩线和侧缝线，并缝合袖子。

5.门襟，用7号棒针挑49针，按门襟编织图编织，并锁扣眼。

6.领，挑织如图示。

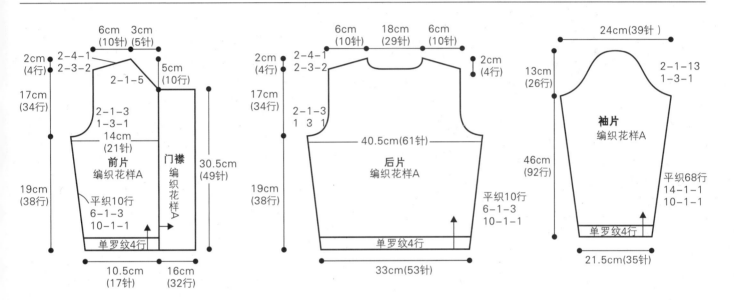

前片
编织花样A

门襟
编织花样A

6cm（10针）　3cm（5针）
2cm（4行）
2-4-1
2-3-2
2-1-5
5cm（10行）
17cm（34行）
2-1-3
1-3-1
14cm（21针）
30.5cm（49针）
19cm（38行）
平织10行
6-1-3
10-1-1
单罗纹4行
10.5cm（17针）　16cm（32行）

后片
编织花样A

6cm（10针）　18cm（29针）　6cm（10针）
2cm（4行）
2-4-1
2-3-2
2cm（4行）
17cm（34行）
2-1-3
1　3　1
40.5cm（61针）
19cm（38行）
平织10行
6-1-3
10-1-1
单罗纹4行
33cm（53针）

袖片
编织花样A

24cm（39针）
13cm（26行）
2-1-13
1-3-1
46cm（92行）
平织68行
14-1-1
10-1-1
单罗纹4行
21.5cm（35针）

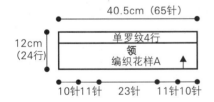

领
编织花样A

40.5cm（65针）
12cm（24行）
单罗纹4行
10针11针　23针　11针10针

门襟编织

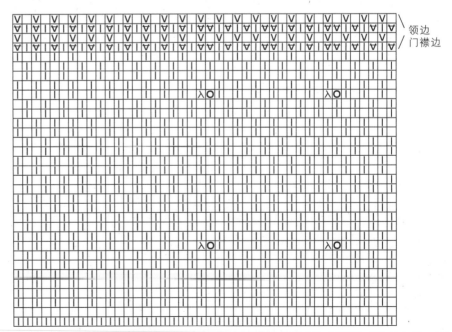

领边／门襟边

符号说明

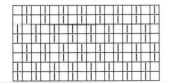

□ 上针　　人 拨针
□ 下针　　O 放针
V 滑针
V 浮下针

花样A

作品14

【成品规格】	胸围84cm，肩宽30cm，衣长81.5cm
【工　具】	3.0号钩针
【编织密度】	26针×15.5行=10cm²
【材　　料】	棉羊绒线红色250g，粉色100g，紫色、黑色、咖啡色各75g，黄色100g，茶绿色、蓝色、白色各50g

编织要点：

由前片和后片组成。
1. 先钩织后片，起45cm长的锁针起钩花样，钩织13.5cm，两侧各减4针，如图，到腋下，开始减针钩织袖隆，共减30针，然后不加减针往上钩，钩至最后3行时，中间减针钩后衣领和斜肩减针。另外用线在锁针起针处，往相反方向钩织下摆，加针方法如图示，直至加针到274针，收针，断线。
2. 前片编织，前片钩织方法与后片基本相同，不再重复，只是领子减针略有区别，袖隆往上钩织12行，中间停织60针，两侧继续往上钩织至最后3行，按图示，进行斜肩减针。
3. 缝合，在织物的反面合肩，并缝合侧缝线。

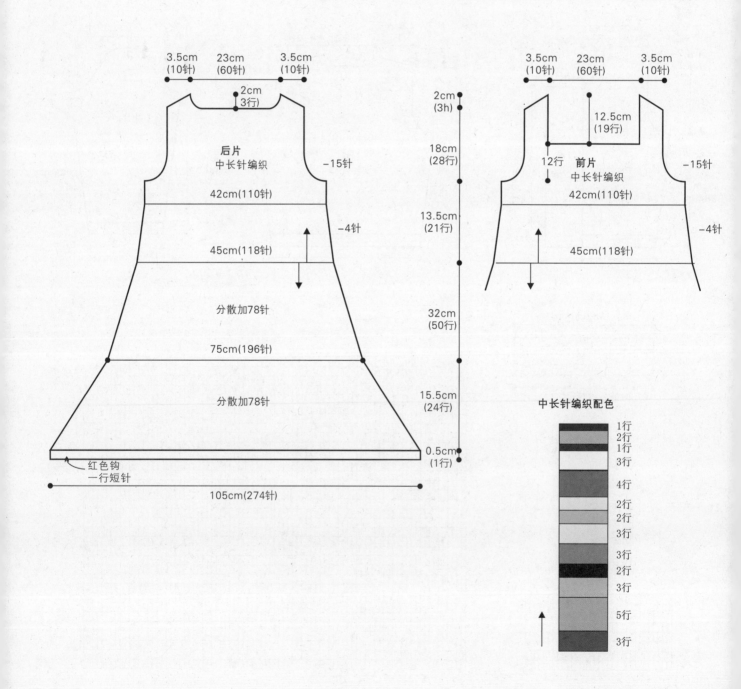

后片
中长针编织

3.5cm（10针）　23cm（60针）　3.5cm（10针）

2cm（3行）

-15针

42cm（110针）

-4针

45cm（118针）

分散加78针

75cm（196针）

分散加78针

红色钩一行短针

105cm（274针）

前片
中长针编织

3.5cm（10针）　23cm（60针）　3.5cm（10针）

2cm（3h）

12.5cm（19行）

12行

18cm（28行）

42cm（110针）

-15针

13.5cm（21行）

-4针

45cm（118针）

32cm（50行）

15.5cm（24行）

0.5cm（1行）

2cm（3行）

中长针编织配色

	1行
	2行
	1行
	3行
	4行
	2行
	2行
	3行
	3行
	2行
	3行
	5行
	3行

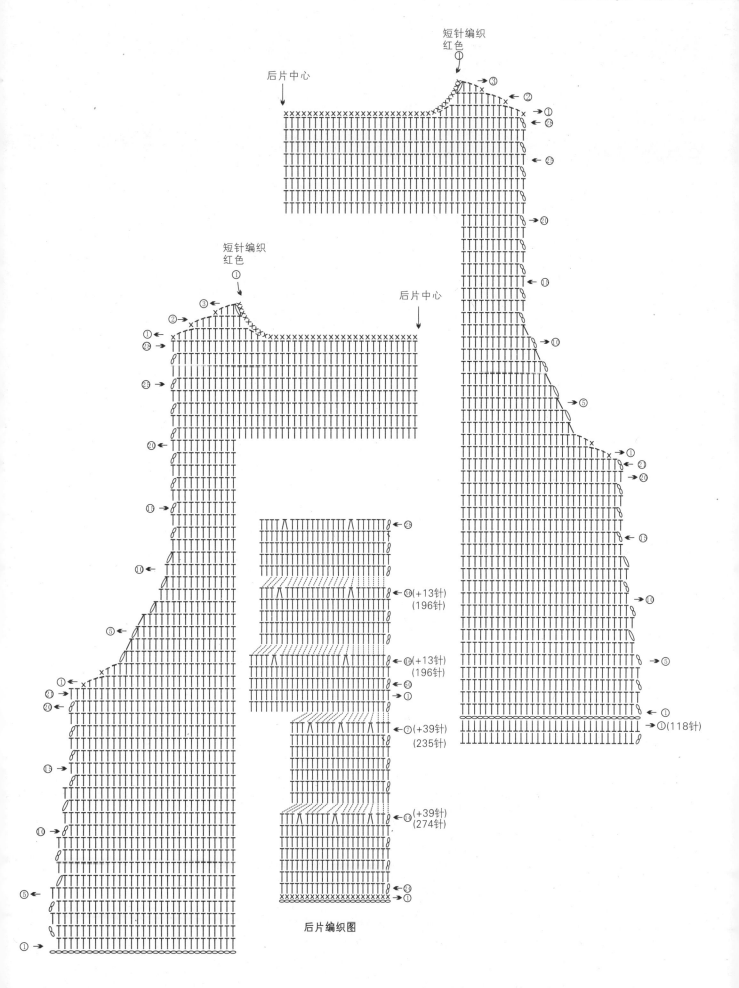

后片编织图

作品15

【成品规格】 胸宽43cm，衣长69.5cm，肩宽30cm

【工　具】 10号、9号、7号棒针

【编织密度】 元宝针：17.5针×21.5行=10cm²
　　　　　　 单罗纹：33.5针×31行=10cm²

【材　料】 中粗毛线550g，幼羊绒线200g

编织要点：

背心由衣片前片、两片后片、衣片领子组成。

1.先织后片，用9号棒针起71针，编织单螺纹14cm，换7号棒针，编织元宝针，两侧按图示减针，织到14cm，如图进行内侧减针，织至最后留3针，收针，断线。另用10号棒针起145针，编织单罗纹，两侧按图示减针，织到37.5cm，不加不减织16cm，如图进行斜肩减针，织至最后留4行，后领减针，2行减3针2次，肩留6针，收针，断线。

2.前片，用9号棒针起75针，编织单罗纹14cm，换7号棒针，编织元宝针，两侧按图示减针，织36cm，然后不加不减织11cm到领口，按图进行领口减针，肩留4针，收针，断线。

2.缝合，后片两片重叠缝合，合并肩线和腋下线。

3.领口，按图挑110针，编织元宝针44行。

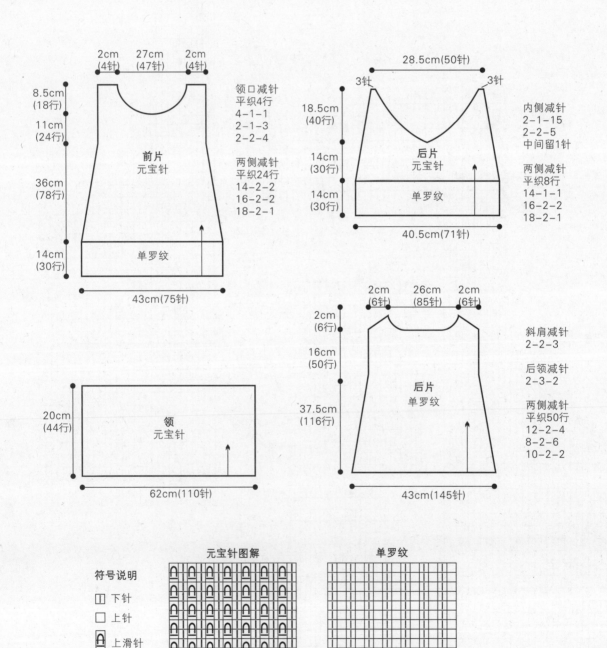

2cm(4针)　27cm(47针)　2cm(4针)

8.5cm(18行)
11cm(24行)
36cm(78行)
14cm(30行)

前片
元宝针

单罗纹

43cm(75针)

领口减针
平织4行
4-1-1
2-1-3
2-2-4

两侧减针
平织24行
14-2-2
16-2-2
18-2-1

28.5cm(50针)

3针　　3针

18.5cm(40行)
14cm(30行)
14cm(30行)

后片
元宝针

单罗纹

40.5cm(71针)

内侧减针
2-1-15
2-2-5
中间留1针

两侧减针
平织8行
14-1-1
16-2-2
18-2-1

20cm(44行)

领
元宝针

62cm(110针)

2cm(6针)　26cm(85针)　2cm(6针)

2cm(6行)
16cm(50行)
37.5cm(116行)

后片
单罗纹

43cm(145针)

斜肩减针
2-2-3

后领减针
2-3-2

两侧减针
平织50行
12-2-4
8-2-6
10-2-2

符号说明

Ⅰ 下针
□ 上针
⋔ 上滑针

元宝针图解

单罗纹

作品16

【成品规格】 胸宽36cm，衣长45cm，肩宽23.5cm

【工　具】 8号、9号棒针

【编织密度】 25针×31.5行=10cm²

【材　料】 中粗毛线350g，纽扣6枚

编织要点：

1. 先织后片，用9号棒针起91针，编织单罗纹，织6行，换8号棒针，编织花样A，不加不减织24.5cm到腋下，进行袖窿减针，织至衣长最后7.5cm，按图示，进行后领减针，肩留19针，待用。

2. 前片，用9号棒针起93针，编织单罗纹，织6行，换8号棒针，编织花样A，不加不减织24.5cm到腋下，进行袖窿和领口的减针，如图示，肩留19针，待用。

3. 缝合，合并肩线和侧缝线。

4. 门襟，用9号棒针挑73针，如图，编织单罗纹8行。

5. 领口、袖口，分别用9号棒针挑织单罗纹8行。

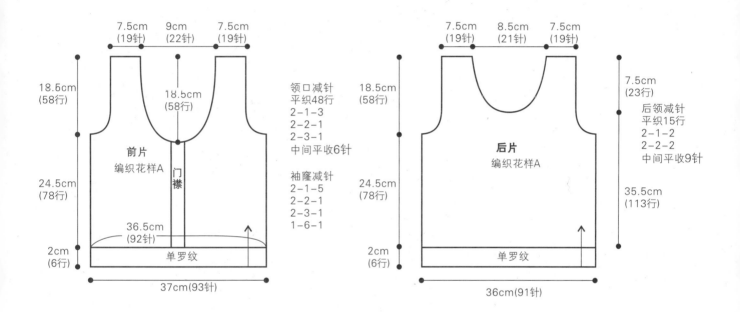

前片 图示：

7.5cm (19针)　9cm (22针)　7.5cm (19针)

18.6cm (58行)

18.5cm (58行)

前片 编织花样A　门襟

24.5cm (78行)

领口减针
平织48行
2-1-3
2-2-1
2-3-1
中间平收6针

袖窿减针
2-1-5
2-2-1
2-3-1
1-6-1

36.5cm (92针)

2cm (6行)　单罗纹

37cm(93针)

后片 图示：

7.5cm (19针)　8.5cm (21针)　7.5cm (19针)

18.5cm (58行)

7.5cm (23行)

后领减针
平织15行
2-1-2
2-2-2
中间平收9针

后片 编织花样A

24.5cm (78行)

35.5cm (113行)

2cm (6行)　单罗纹

36cm(91针)

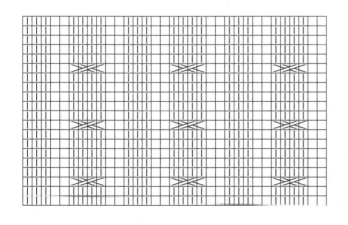

符号说明

□ 上针

□ 下针

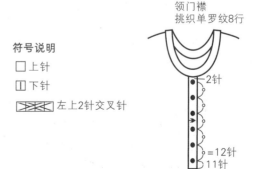

领门襟
挑织单罗纹8行

2针

=12针
11针

左上2针交叉针

作品17

【成品规格】	胸宽44.5cm，衣长49.5cm，肩宽30.5cm，袖长25cm
【工　　具】	9号、10号棒针
【编织密度】	20针×25.5行=10cm²
【材　　料】	麻线150g

编织要点：

1.先织后片，用9号棒针起89针，编织花样A，不加不减织31.5cm到腋下，按图示，进行袖窿减针，袖窿织18cm，织至最后4cm，按图示，进行后领减到针，肩留16针，待用。
2.前片，用9号棒针起89针，编织花样A，不加不减织31.5cm到腋下，按图进行袖窿减针，织至最后7cm，按图示进行领口减针，肩留16针，待用。
3.袖，用9号棒针起52针，编织花样A，并按图示进行袖下加针，织11cm到腋下，进行袖山减针，减针方法如图，减针完毕，袖山形成；用相同的方法编织另一只袖子。
4.缝合，分别合并肩线，侧缝线和袖下线，并缝合袖子。
5.领，用10号棒针挑织花样A，编织8行，收针，断线。

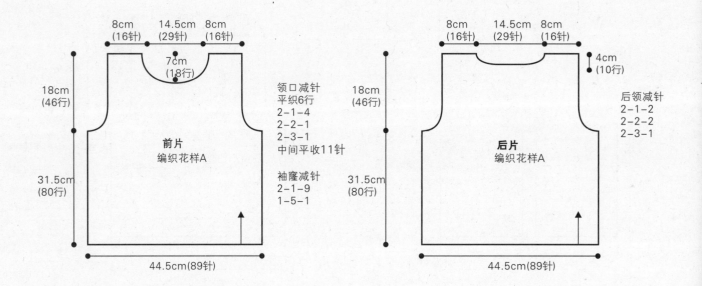

前片
编织花样A

8cm（16针）　14.5cm（29针）　8cm（16针）
7cm（18行）
18cm（46行）
31.5cm（80行）
44.5cm（89针）

领口减针
平织6行
2-1-4
2-2-1
2-3-1
中间平收11针

袖窿减针
2-1-9
1-5-1

后片
编织花样A

8cm（16针）　14.5cm（29针）　8cm（16针）
4cm（10行）
18cm（46行）
31.5cm（80行）
44.5cm（89针）

后领减针
2-1-2
2-2-2
2-3-1

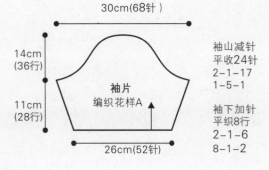

袖片
编织花样A

30cm（68针）
14cm（36行）
11cm（28行）
26cm（52针）

袖山减针
平收24针
2-1-17
1-5-1

袖下加针
平织8行
2-1-6
8-1-2

花样A

符号说明

□ 下针
○ 放针
λ 3针并1针

作品18

【成品规格】 长54cm，胸围95cm

【工 具】 2.5mm可乐钩针

【材 料】 白色和黑色毛线各250g

编织要点：

1.参照单元花图解，钩白色花芯，起8针锁针，钩24针长针，共钩400个。

2.参照拼花图解，用黑色毛线拼花。从下摆起圈拼10行，每行28个单元花后分前后片，左右各加2个单元花，再拼5行单元花。前领空18个单元花，后领空6个单元花。

3.参照外围花边的图解，钩领口、袖口和下摆1行花边。

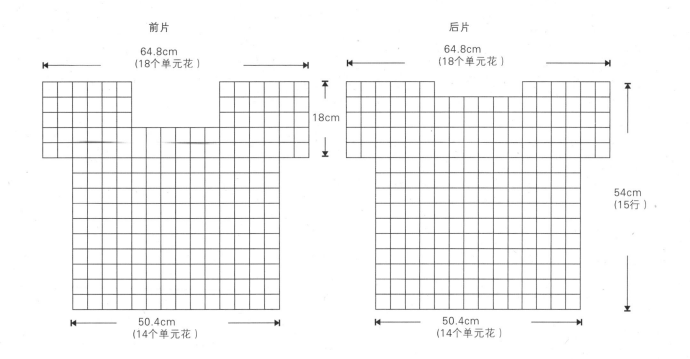

前片

64.8cm
（18个单元花）

18cm

50.4cm
（14个单元花）

后片

64.8cm
（18个单元花）

54cm
（15行）

50.4cm
（14个单元花）

单元花图解：

白色花芯

24针长针

外围花边的图解：

拼花图解： 黑色毛线

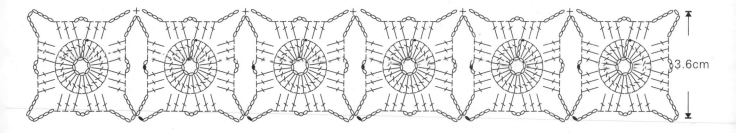

3.6cm

作品19

【成品规格】	长53cm，胸围95cm
【工 具】	2.5mm可乐钩针
【材 料】	黑色和白色毛线各250g

编织要点：

1.参照单元花图解钩单元花240个白色立体花，参照拼花图解和结构图，每钩1个单元花与前1个单元花拼合。从下摆起圈拼6行，每行10个单元花然后分袖，左右各延伸3个单元花。再拼4行单元花。

2.参照补花图解，在白色花中间补洞。

3.在衣服外围、领口和袖口钩1行黑色短针。

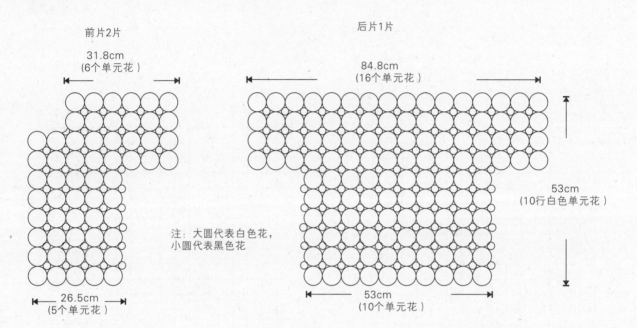

前片2片

31.8cm
（6个单元花）

26.5cm
（5个单元花）

后片1片

84.8cm
（16个单元花）

53cm
（10个单元花）

53cm
（10行白色单元花）

注：大圆代表白色花，
小圆代表黑色花

大圆，单元花的图解：
240个白色花

拼花的图解：

小圆，补花的图解：

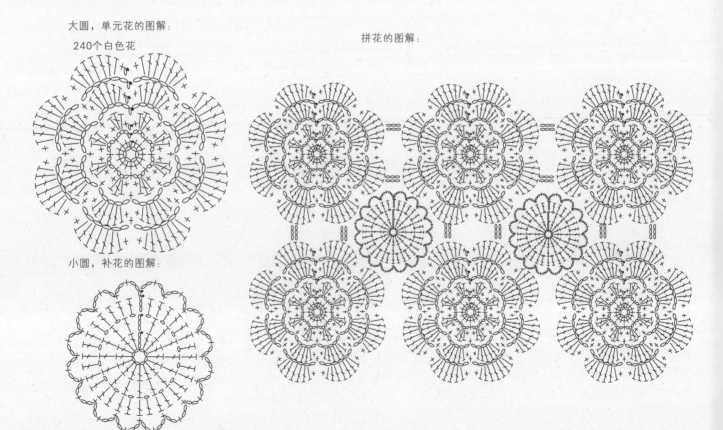

作品20

【成品规格】 胸宽41.5cm，衣长58cm，
袖长(连肩)8.5cm

【工　具】 8号、9号棒针

【编织密度】 24.5针×31行=10cm²

【材　料】 驼色夹花棉线450g，2股合

编织要点：

1.先织后片，用9号棒针起106针，织5cms双罗纹，换8号棒针均匀减针至102针，编织花样B，不加不减织20cm到腋下，按图示加针，加针方法为2-1-9，继续往上织18.5cm，(作为袖口，袖口编织花样C)，进行斜肩减针，减针方法如图，领留48针不加不减织14行，收针，断线。

2.前片，用9号棒针起106针，编织5cm双罗纹，换8号棒针均匀加减针织102针，编织花样A，不加不减织20cm到腋下，按图示加针，织至衣长134行，进行领口减针，2-1-1。不加不减往上织至46行，收针，断线；袖口与斜肩减针与后片相同。

3.缝合，分别合并肩线、侧缝线和袖下线。

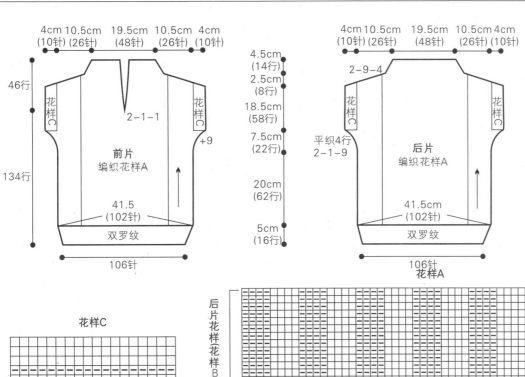

花样A

后片花样(花样B)

4cm 10.5cm 19.5cm 10.5cm 4cm
(10针)(26针)(48针)(26针)(10针)

46行

花样C　　花样C

2-1-1

+9

前片
编织花样A

41.5
(102针)

双罗纹

106针

134行

4.5cm(14行)
2.5cm(8行)
18.5cm(58行)
7.5cm(22行)
20cm(62行)
5cm(16行)

4cm 10.5cm 19.5cm 10.5cm 4cm
(10针)(26针)(48针)(26针)(10针)

2-9-4

花样C　　花样C

平织4行
2-1-9

后片
编织花样A

41.5cm
(102针)

双罗纹

106针

花样C

符号说明

□ 下针

— 上针

左上4针交叉针

右上4针交叉针

右上4针上针交叉针

左上4针上针交叉针

作品21

【成品规格】 胸宽42cm，衣长55cm，肩宽33cm

【工　　具】 12号、13号棒针

【编织密度】 31针×42行=10cm²

【材　　料】 咖啡色麻线350g

编织要点：

1.先织后片，用13号棒针起160针，织双罗纹28行，换12号棒针，编织花样A，两侧按图示进行加减针，织120行，到腋下，进行袖窿减针，减针方法如图，织16cm，采用退引针法织斜肩，如图，织至最后4行，按图示进行后领减针，肩留30针，待用。

2.前片，用12号棒针起84针，织双罗纹32行，换12号棒针，编织花样A，两侧按图示进行加减针，织120行到腋下，进行袖窿减针，减针方法如图，织到176行，领口减针，如图，袖窿织68行，开始斜肩减针，减针方法如图，肩留30针，待用。用相同的方法织另一片前片。

3.按图示分别用13号棒针编织门襟和领子。

4.缝合，分别缝合肩线和腋下线，并缝合门襟和领子。

5.领，挑织单罗纹，如图示，并在相应的位置留扣眼。

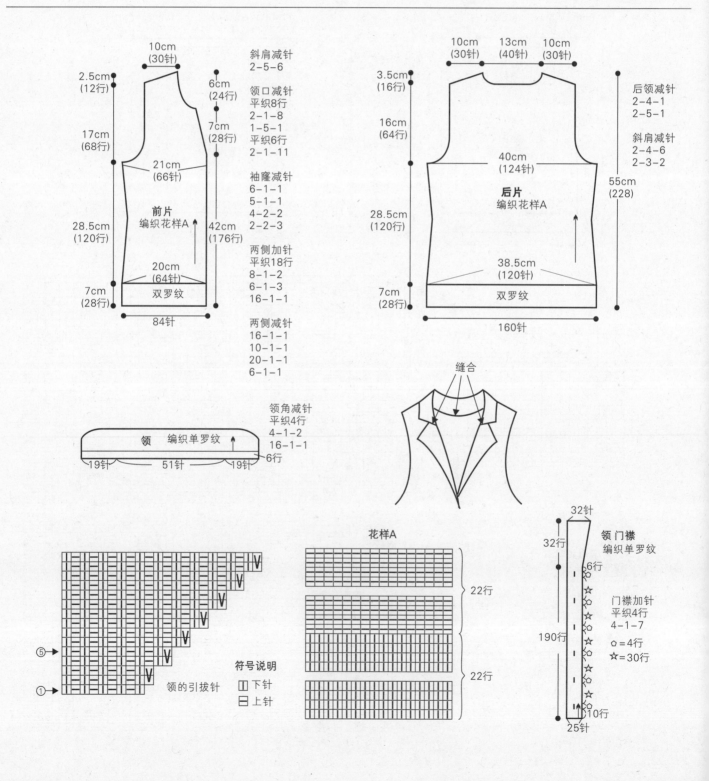

作品22

编织要点：

【成品规格】 长230cm，宽42cm

【工　具】 7号棒针，钩针

【编织密度】 12针×18行=10cm²

【材　料】 蒂伊丝线450g，2股合；西班牙线
450g，2股合

1.用7号棒针起52针，编织花样A，不加不减织150cm，收
针，断线。
2.用钩针钩编花样B，钩编40cm。

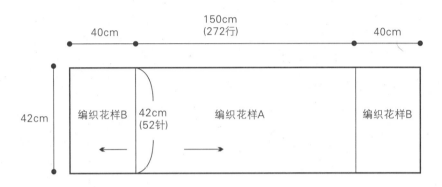

花样A

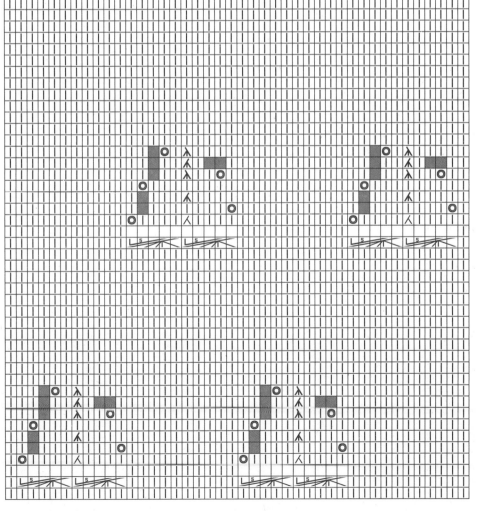

符号说明

□ 上针　　囚 2针并1针

Ⅱ 下针　　回 放针

囚 3针并1针　　织下针将线绕2
圈，使线圈拉长

先将5针并为1针再在这
1针中又放成5针

作品23

【成品规格】	衣长135cm
【工 具】	8号棒针，3/0钩针
【编织密度】	22针×28.5行=10cm²
【材 料】	羊毛线450g

编织要点:

1.一片编织，编织花样A。
用8号棒针起3针，边针各为1针，另1针为中间针；第1行，1针下针，加1针，1针下针，加1针，1针下针；第3行，1针下针，加1针，1针下针，加1针，1针下针，加1针，1针下针；第5行，1针下针，加1针，2针下针，加1针，1针下针，加1针，2针下针，加1针，1针下针；第7行，1针下针，加1针，5针下针，加1针，1针下针，加1针，5针下针，加1针，1针下针；依次来推，编织花样A，织至第15行参照图1加针，左边图与右边图织法一样，直至加到两侧各189针，收针，断线。
2.用3/0钩编花样B。

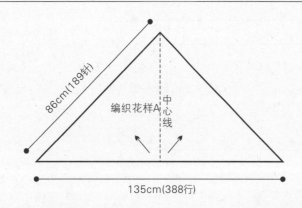

编织花样A　中心线

86cm(189针)

135cm(388行)

符号说明

□	上针	◎	中上3针并1针
Ⅰ	下针	⋏	2针并1针
人	拨针		

■ (小球织法)

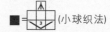

③
①

花样B

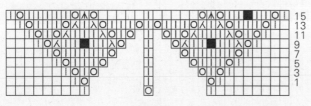

15 13 11 9 7 5 3 1

披肩起针

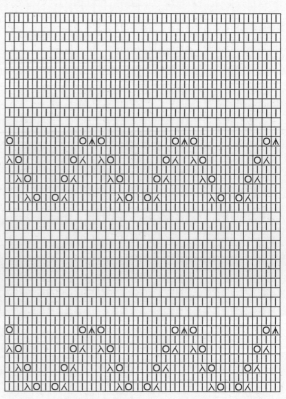

花样A

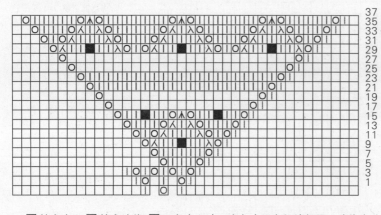

37 35 33 31 29 27 25 23 21 19 17 15 13 11 9 7 5 3 1

◎ 披肩中心　Ⅰ 披肩边缘　□ 三角中心(左三角与右三角织法相同，边缘在外)

图1主体右图

作品24

【成品规格】 胸宽42cm，衣长54cm，肩袖长21cm

【工　　具】 9号、10号棒针

【编织密度】 24针×33行=10cm²

【材　　料】 杏色棉线400g

编织要点：

1.先织育克部分，从上往下织，用9号棒针起下针140针，分14组花样，圈织，按照育克编织，织21cm，育克部分完成。

2.织前后片，育克部分分成4份，袖各留72针，前后身片各留96针；如图，前后身片平织10行，两侧各放6针，圈织204针，织下针，不加不减，织26.5cm，换10号棒针，编织单罗纹10行，收针，断线。

3.袖，用10号棒针挑织单罗纹6行。

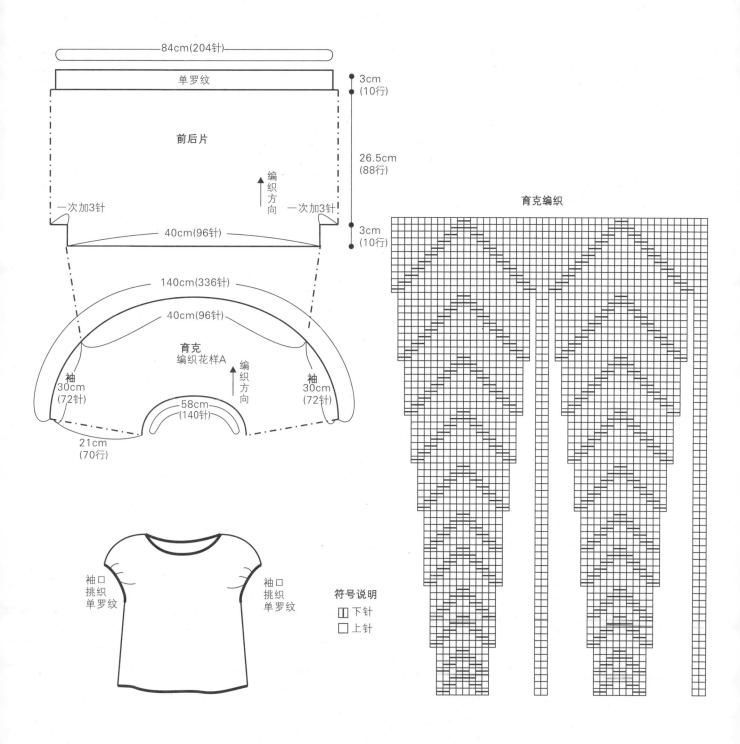

84cm(204针)

单罗纹

3cm (10行)

前后片

26.5cm (88行)

编织方向

一次加3针　　　　　　　　一次加3针

40cm(96针)

3cm (10行)

140cm(336针)

40cm(96针)

育克 编织花样A

编织方向

袖 30cm (72针)

袖 30cm (72针)

58cm (140针)

21cm (70行)

袖口 挑织 单罗纹

袖口 挑织 单罗纹

符号说明

下针

上针

育克编织

作品25、26

【成品规格】 胸宽34cm，衣长52cm，
肩宽29.5cm，袖长50cm

【工　具】 6号、7号棒针

【编织密度】 15针×20行=10cm²

【材　料】 藕色粗毛线700g

编织要点:

1.先织后片，用7号棒针起59针，编织单罗纹4cm，换6号棒针，均匀减针到49针，编织桂花针，两侧按图加针，织27cm至腋下，开始袖窿减针，首先平收4针，再每2行减1针减2次，如图，减针完毕，袖窿形成，继续往上织到18cm，收后领。收针，断线。

2.前片分2片，先织左前片，用7号起35针，编织单罗纹4cm，换6号棒针，均匀减针到29针，编织桂花针，两侧按图示加针，织27cm到腋下，开始袖窿减针，首先平收4针，再每2行减1针减2次，如图，减针完毕，袖窿形成，继续往上织至82行，按图，进行领口减针，织至最后4行时，如图示，进行斜肩减针，肩留10针。右前片，用7号棒针起35针，编织单罗纹4cm，换6号棒针，均匀减针到29针，编织桂花针8行，如图，其中10针换7号棒针织4行单罗纹，为袋口，两侧继续织桂花针，这时两侧桂花针共织12行，停织；用另一根线在织物反面第一行桂花针处挑10针，织12行桂花针，与停织的桂花针合在一起，继续往上织，侧缝按图加针，织27cm到腋下，按图示，进行袖窿减针，织至82行，如图，开始领口减针，织至最后4行，按图织斜肩。

3.袖，用6号棒针起27针，编织上针2cm，换织桂花针，按图进行袖下加针，织到45cm时针数加到37针，再按图示袖山减针。用同样的方法织好另一只袖子。

4.分别合并肩线、侧缝线和袖下线，并缝合袖子。

5.门襟、领，挑织上针4行。

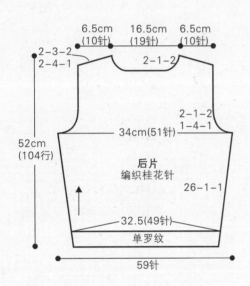

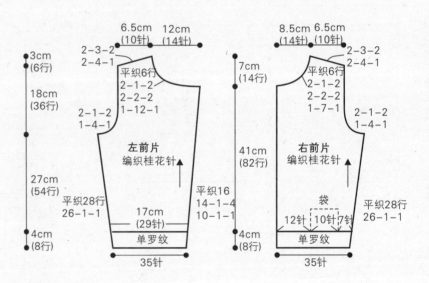

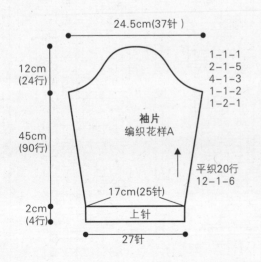

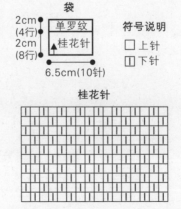

符号说明
□ 上针
Ⅲ 下针

桂花针

门襟、领口
挑织上针4行

作品27

【成品规格】 胸宽45cm，衣57cm，
肩宽41cm，袖长53cm

【工　　具】 7号、8号棒针，5.5号棒针

【编织密度】 14针×18行=10cm²

【材　　料】 灰色西班牙线900g，2股合

编织要点：

1.先织后片，用7号棒针起56针，编织下针，两侧按图示加针，织34cm至腋下，开始袖窿减针，首先平收3针，再每2行减1针减4次，每4行减1针1次，共减8针，然后按图进行加针，8行加针1次，在每4行加1针2次，加针完毕，袖窿形成，继续往上织到20cm，开始斜肩和后领减针。

2.前片分2片，用7号起16针，编织下针，侧缝按图示加针，织到34cm至腋下，开始袖窿减针，首先平收3针，再每2行减1针减4次，每4行减1针1次，共减8针，然后如图加针，加针完毕，袖窿形成，继续往上织至20cm，开始斜肩减针，在袖窿减针的同时，前片右侧织至68行，按图示进行领口减针，肩留12针。用相同的方法编织另一片。

3.袖，用5.5号棒针起46针，编织双罗纹12行，换7号棒针，均匀减针到35针，编织下针，按图进行袖下加针，织到36.5cm时针数加到45针，再按图示袖山减针。用同样的方法织好另一只袖子。

4.分别合并肩线、侧缝线和袖下线，并缝合袖子。

5.门襟，用8号棒针挑织，如图。

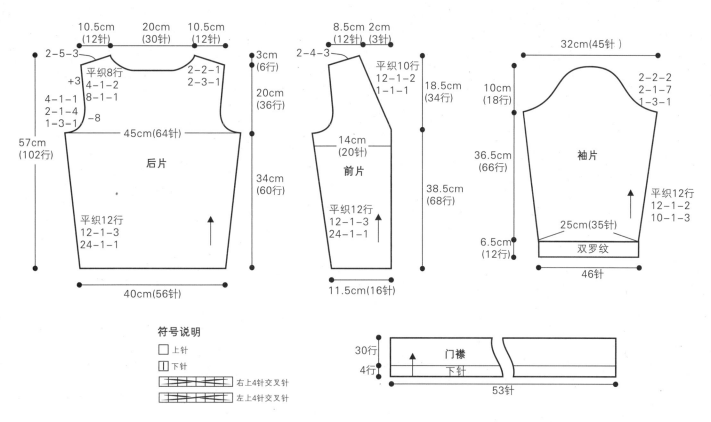

符号说明

□ 上针
Ⅱ 下针
右上4针交叉针
左上4针交叉针

门襟

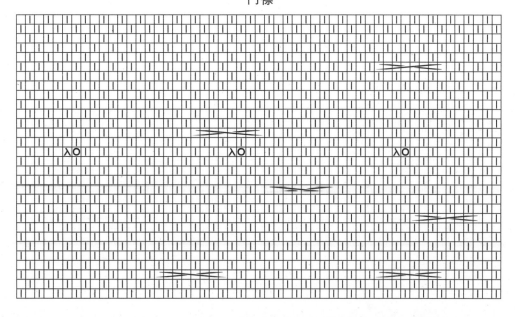

作品28

【成品规格】	胸宽43cm，衣长50cm，肩宽34cm
【工　具】	7号、8号棒针
【编织密度】	下针：20针×26行=10cm² 花样A：21.5针×26行=10cm²
【材　料】	灰蓝色粗毛线510g

编织要点：

1.先织后片，用8号棒针起88针，织4cm双罗纹，换7号棒针，不加不减织25.5cm到腋下，按图示，进行袖窿减针，织20.5cm，肩留20针，待用。
2.前片，用8号棒针起94针，编织4cm双罗纹，换7号棒针编织花样A，不加不减织54cm，织25.5cm到腋下，按图进行袖窿减针，织至最后4cm，按图示进行领口减针，肩留20针，待用。
3.缝合，分别合并肩线、侧缝线。
4.领，挑织单罗纹26行。

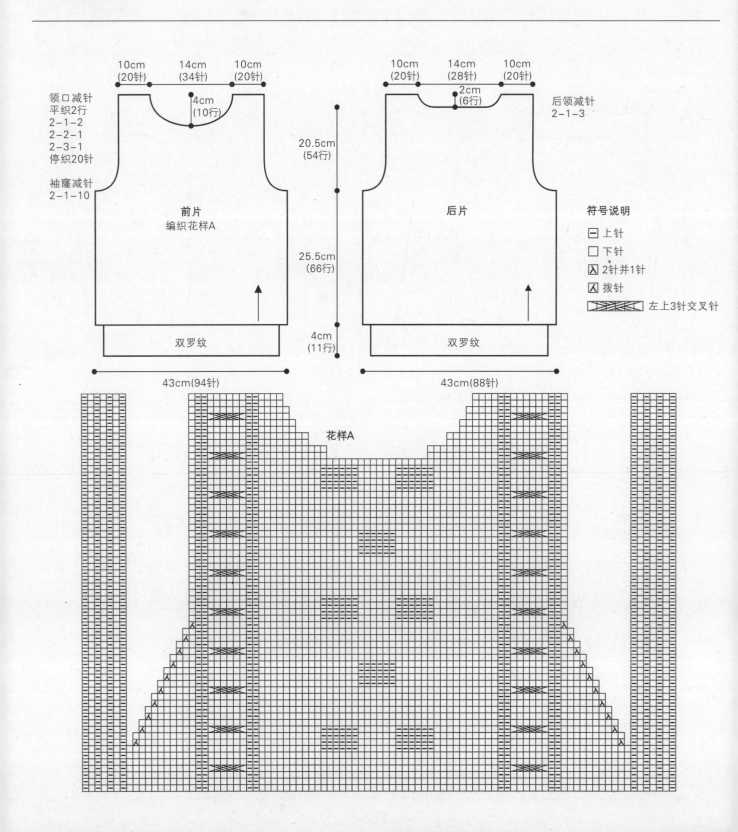

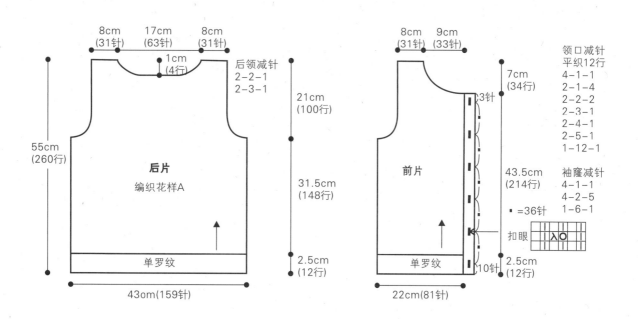

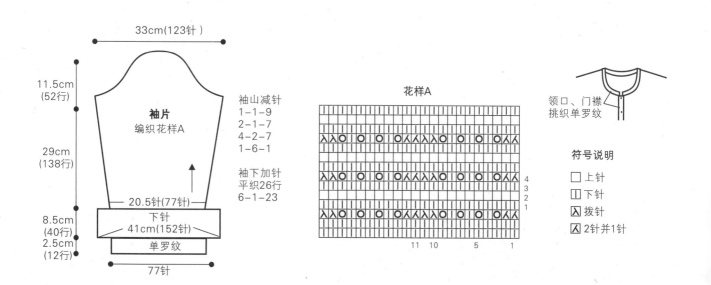

作品29

【成品规格】 胸宽43cm，衣55cm，
肩宽33cm，袖长51.5cm

【工　　具】 13号、15号棒针

【编织密度】 37针×47行=10cm²

【材　　料】 红色羊绒线450g

编织要点:

1.先织后片，用15号棒针起159针，编织单螺纹2.5cm，换13号棒针编织不加不减织31.5cm至腋下，开始袖窿减针，如图，减针完毕，袖窿形成，继续往上织到21cm，开始后领减针，肩留31针。

2.前片分2片，用15号棒针起81针，编织单罗纹2.5cm，换13号棒针不加不减织到31.5cm至腋下，开始袖窿减针，减针方法如图，减针完毕，袖窿形成，继续往上织至43.5cm，开始领口减针，减针方法如图，肩留31针。用相同的方法编织另一片。

3.袖，用15号棒针起77针，编织罗纹2.5cm，换13号棒针，均匀加针到152针，编织下针8.5cm，再均匀减针到77针，编织花样A，按图进行袖下加针，织到29cm时针数加到123针，再按图示袖山减针。用同样的方法织好另一只袖子。

4.分别合并肩线、侧缝线和袖下线，并缝合袖子。

5.门襟，挑织单罗纹。

后片 图示

8cm（31针）　17cm（63针）　8cm（31针）

1cm（4行）

后领减针
2-2-1
2-3-1

21cm（100行）

55cm（260行）

后片
编织花样A

31.5cm（148行）

2.5cm（12行）

单罗纹

43om（159针）

前片 图示

8cm（31针）　9cm（33针）

7cm（34行）

前片

3针

43.5cm（214行）

■=36针

扣眼

单罗纹

22cm（81针）

领口减针
平织12行
4-1-1
2-1-4
2-2-2
2-3-1
2-4-1
2-5-1
1-12-1

袖窿减针
4-1-1
4-2-5
1-6-1

| | 入 | O | |

10针

2.5cm（12行）

袖片 图示

33cm（123针）

11.5cm（52行）

袖片
编织花样A

袖山减针
1-1-9
2-1-7
4-2-7
1-6-1

袖下加针
平织26行
6-1-23

29cm（138行）

20.5针（77针）

下针

41cm（152针）

8.5cm（40行）

单罗纹

2.5cm（12行）

77针

花样A

11　10　　　5　　　1

4
3
2
1

领口、门襟
挑织单罗纹

符号说明

□ 上针

□ 下针

図 拨针

図 2针并1针

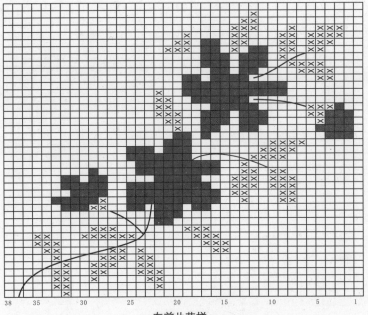

左前片花样

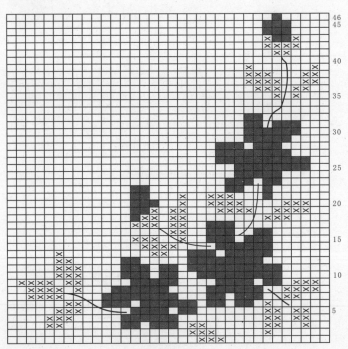

右前片花样

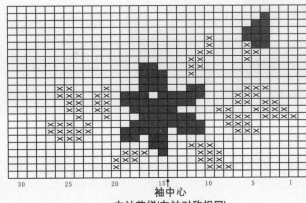

袖中心

右袖花样(左袖对称相同)

作品30

【成品规格】 胸宽48cm，衣长56cm，
肩宽37.5cm，袖长55cm

【工　具】 7号棒针

【编织密度】 23针×26行=10cm²

【材　料】 中粗毛线750g，纽扣8枚

编织要点：

1.先织后片，用7号棒针起111针，编织花样A7.5cm，换织花样B，不加不减织27cm到腋下，按图示，进行袖窿减针，袖隆织21.5cm，织至最后3cm，按图示，进行后领减针，肩留23针，待用。

2.前片，用7号棒针起50针，编织花样A，编织7.5cm，换织花样A，织27cm到腋下，按图进行袖窿减针，织至最后6cm，按图示进行领口减针，肩留23针，待用。

3.袖，用7号棒针起55针，编织花样A，不加不减织12cm，换织花样B，并按图示进行袖下加针，织30.5cm到腋下，进行袖山减针，减针方法如图，减针完毕，袖山形成。

4.缝合，分别合并肩线、侧缝线，并缝合袖子。

5.领，挑织花样A18行。

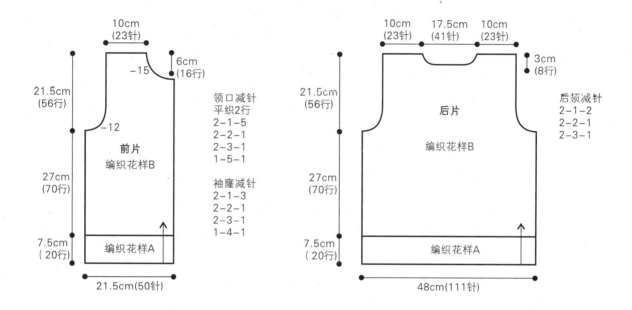

前片

10cm（23针）

21.5cm（56行）　−15　6cm（16行）

领口减针
平织2行
2-1-5
2-2-1
2-3-1
1-5-1

−12

前片
编织花样B

袖窿减针
2-1-3
2-2-1
2-3-1
1-4-1

27cm（70行）

7.5cm（20行）　编织花样A

21.5cm(50针)

后片

10cm（23针）　17.5cm（41针）　10cm（23针）

21.5cm（56行）　3cm（8行）

后领减针
2-1-2
2-2-1
2-3-1

后片

编织花样B

27cm（70行）

7.5cm（20行）　编织花样A

48cm(111针)

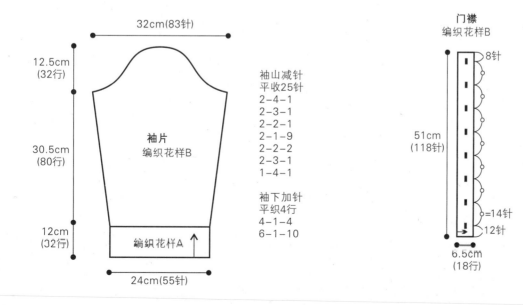

32cm(83针)

12.5cm（32行）

袖山减针
平收25针
2-4-1
2-3-1
2-2-1
2-1-9
2-2-2
2-3-1
1-4-1

袖片
编织花样B

30.5cm（80行）

袖下加针
平织4行
4-1-4
6-1-10

12cm（32行）　编织花样A

24cm(55针)

门襟
编织花样B

8针

51cm（118针）

=14针

12针

6.5cm（18行）

花样B

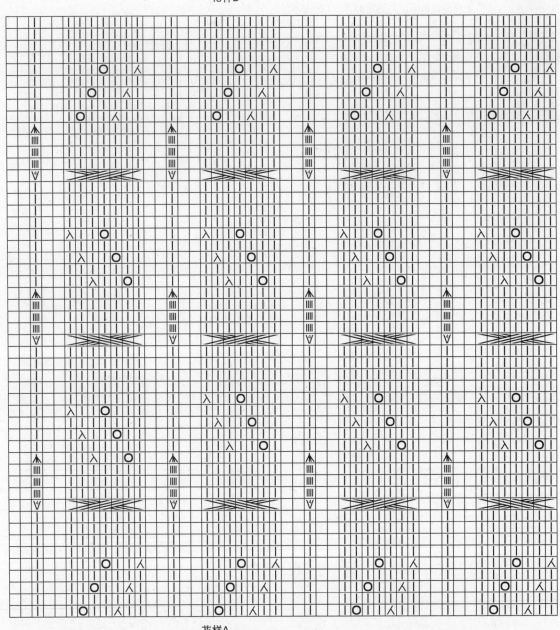

花样A

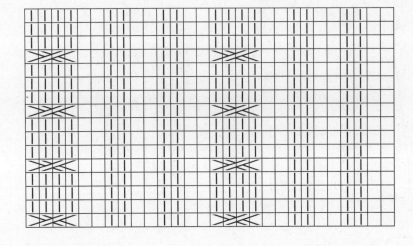

符号说明

符号	说明	符号	说明
□	上针	⋏	4针并1针
Ⅰ	下针	⋎	1针放4针
◎	放针		
⋌	拨针		
⋏	2针并1针		
⋈	左上2针交叉针		
⋈	右上4针与3针的交叉针		

作品31

【成品规格】 胸宽40cm，衣53cm，
　　　　　　袖长(连袖)45.5cm

【工　　具】 6.5号、8号棒针

【编织密度】 16.5针×22行=10cm²

【材　　料】 紫色花点粗毛线700g

编织要点:

1.先织后片，分两片编织，横织，用6.5号棒针起93

针，编织下针，按图织往返针，往返针织完后，按图进行领
口减针，织18行到斜肩，进行斜肩减针，如图示，织16行到
腋下，按图示加针，加针完毕，袖窿形成，按图织往返针，
加宽下摆。用相同的方法编织另一片后片。

2.前片，用8号棒针起57针，编织单罗纹2cm，换6.5号棒针
织下针，两侧如图示加减针，织31cm到领口，按图减针，
中间留1针，织至37cm到腋下，进行斜肩减针，这时领与斜
肩一起减针，织至最后留1针。

3.袖，用8号棒针起36针，编织单罗纹2cm，换6.5号棒针，
编织下针，按图进行袖下加针，织到25.5cm时针数加到
48针，再按图示袖山减针。用同样的方法织好另一只袖
子。

4.缝合，首先缝合两片后片，再分别合并侧缝线和袖下线，
并缝合袖子。

5.领，挑织单罗纹。

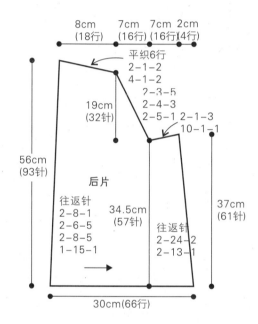

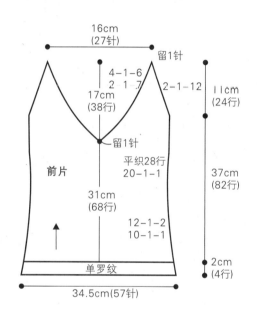

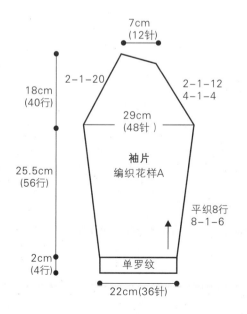

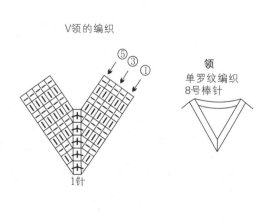

作品32

【成品规格】	胸宽43cm，衣长51.5cm，肩宽35cm，袖长49cm
【工　具】	8号、9号棒针
【编织密度】	23针×30行=10cm²
【材　料】	蒂伊丝线150g，意郎妮线250g

编织要点：

1.先织后片，用9号棒针起99针，织9cm单罗纹，换8号棒针，不加不减织21cm到腋下，按图示，进行袖隆减针，织19.5cm，进行斜肩和后领减针，减针方法如图，肩留18针，待用。

2.前片，用9号棒针起99针，编织9cm单罗纹，换8号棒针编织花样A，不加不减织56行，按图示进行领口减针，织21cm到腋下，按图进行袖隆减针，织至最后6行，按2-6-3斜肩减针，肩留18针。

3.袖子，用9号棒针起53针，织9cm单罗纹，换8号棒针编织下针，袖下两侧按图示加针，织30cm到腋下，按图示进行袖山减针，减针完毕，袖山形成；用相同的方法编织另一袖片。

4.缝合，分别合并侧缝线和袖下线并缝合袖子。

5.领，挑织单罗纹20行，如图。

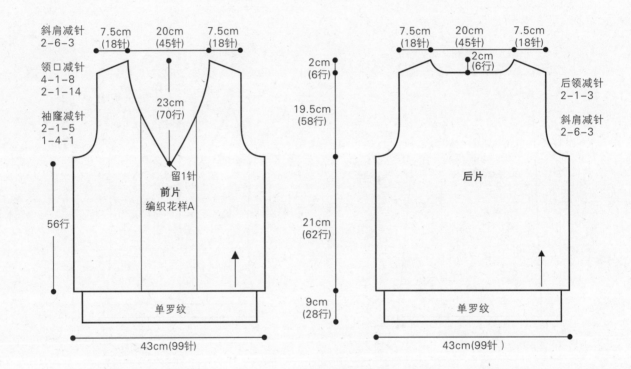

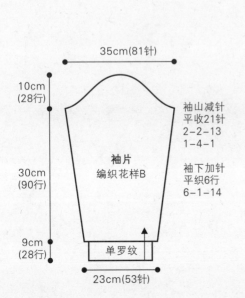

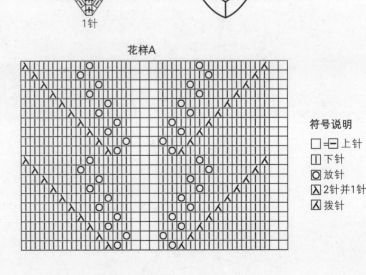

作品33

【成品规格】	胸宽42cm，衣长48cm，袖长(连肩)5.5cm
【工　　具】	8号棒针，3/0钩针
【编织密度】	23针×30.5行=10cm²
【材　　料】	黑白粗毛线450g，黑色毛线少许

编织要点:

1.先织后片，用8号棒针起97针，两侧按图示加减针，编织花样A，织31.5cm到腋下，不加不减继续往上织，按图织至衣长最后6.5cm时，按图示，进行后领减针，织到袖隆长14cm，开始斜肩减针，如图示，肩留29针。

2.前片，编织方法与后片基本相同，不再重复，前领深见图示。

3.缝合，分别合并侧缝线和肩线。

4.缘编织，用3/0钩针黑色毛线按照缘编织A钩织领口、袖边和下摆。

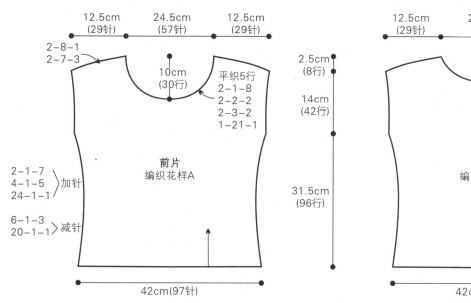

前片
编织花样A

12.5cm(29针)　24.5cm(57针)　12.5cm(29针)

2-8-1
2-7-3

平织5行
2-1-8
2-2-2
2-3-2
1-21-1

10cm(30行)

2.5cm(8行)
14cm(42行)
31.5cm(96行)

2-1-7
4-1-5　加针
24-1-1

6-1-3
20-1-1　减针

42cm(97针)

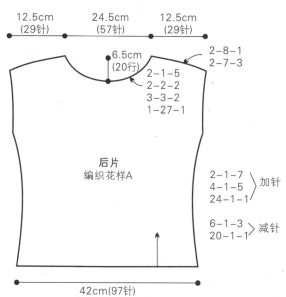

后片
编织花样A

12.5cm(29针)　24.5cm(57针)　12.5cm(29针)

2-8-1
2-7-3

6.5cm(20行)

2-1-5
2-2-2
3-3-2
1-27-1

2-1-7
4-1-5　加针
24-1-1

6-1-3
20-1-1　减针

42cm(97针)

图示

缘编织A

花样A

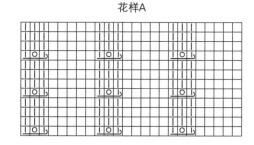

符号说明

□ 上针　　○ 锁针

□ 下针　　✕ 短针

◎ 放针

□□□ 右拉针

缘编织A

→②

→①

作品34

【成品规格】 长57cm，肩宽80cm

【工　　具】 6.5号棒针

【编织密度】 14针×20行=10cm²

【材　　料】 爱情花点毛线400g

编织要点:

一片式织到底，通过围合形成披肩。

1.用6.5号棒针起81针，按图示，51针编织花样B，30针编织花样A，不加不减织80cm，一次平收45针，另外31针继续编织花样B，不加不减织90cm，换织花样A，织30cm，收针，断线。

2.按图制作流苏。

3.缝合，按图a与b缝合。

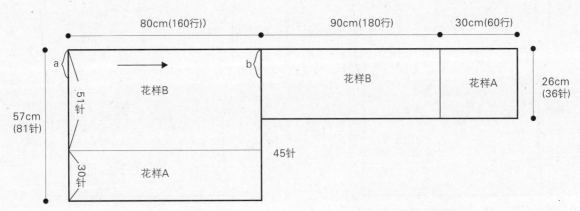

80cm(160行)) 90cm(180行) 30cm(60行)

a

b

花样B

花样B

花样A

26cm (36针)

57cm (81针)

51针

花样A

30针

45针

缝合后的示意结构图

流苏

流苏的制作

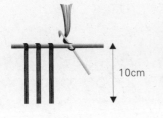

10cm

符号说明

☐ 放针

☐ 上针

☐ 下针

☒ 2针并1针

花样A

花样B

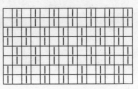

作品35

【成品规格】 胸宽48cm，衣长54cm，
肩宽40.5cm，袖长50.5cm

【工　具】 8号、9号棒针

【编织密度】 23针×30行=10cm²

【材　料】 中粗毛线600g，纽扣7枚

编织要点：

1.先织后片，用9号棒针起112针，编织6行单罗纹，换8号棒针，编织花样A，织12.5cm，换9号棒针，织单罗纹6.5cm，再换8号棒针，编织花样A，不加不减织16cm到腋下，按图示，进行袖窿减针，袖窿织19cm，肩留21针，待用。

2.前片，用9号棒针起64针(其中16针编织搓板针，作为门襟)，编织6行单罗纹，换8号棒针，编织花样A，织12.5cm，换9号棒针，织单罗纹6.5cm，再换8号棒针，编织花样A，不加不减织16cm到腋下，按图示，进行袖窿减针，织至衣长最后6cm，进行领口减针，减针方法如图，肩留21针，待用。

3.袖，用9号棒针起48针，编织6行单罗纹，换8号棒针，编织花样A，两侧按图示加针，织7cm，换9号棒针，编织单罗纹6.5cm，再换8号棒针，织24.5cm到腋下，进行袖山减针，减针方法如图，减针完毕，袖山形成。用相同的方法编织另一只袖子。

4.缝合，分别合并肩线和侧缝线，并缝合袖子。

5.领，挑织单罗纹6行。

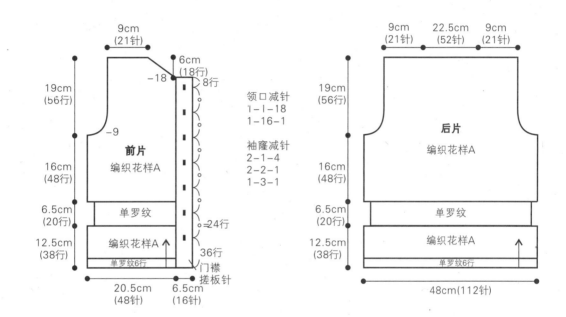

前片

9cm（21针）
6cm（18行）
8行
−18
19cm（56行）
−9
16cm（48行）
编织花样A
6.5cm（20行）
单罗纹
12.5cm（38行）
编织花样A
单罗纹6行
20.5cm（48针）
6.5cm（16针）
门襟 搓板针
−24行
36行

领口减针
1-1-18
1-16-1

袖窿减针
2-1-4
2-2-1
1-3-1

9cm（21针） 22.5cm（52针） 9cm（21针）
19cm（56行）
后片
编织花样A
16cm（48行）
6.5cm（20行）
单罗纹
12.5cm（38行）
编织花样A
单罗纹6行
48cm（112针）

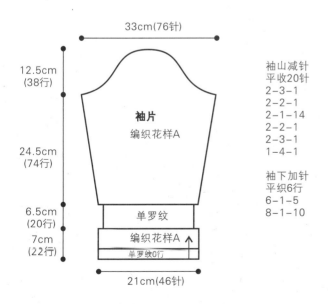

33cm（76针）
12.5cm（38行）
袖片
编织花样A
24.5cm（74行）
6.5cm（20行）
单罗纹
7cm（22行）
编织花样A
单罗纹0行
21cm（46针）

袖山减针
平收20针
2-3-1
2-2-1
2-1-14
2-2-1
2-3-1
1-4-1

袖下加针
平织6行
6-1-5
8-1-10

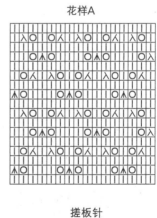

花样A

符号说明

□ 上针
Ⅱ 下针
○ 放针
⋏ 拨针
⋌ 2针并1针
Λ 中上3并针

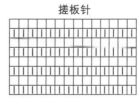

搓板针

作品36

【成品规格】 胸宽42cm，衣长50cm，
肩宽32.5cm，袖长50.5cm

【工　具】 8号棒针

【编织密度】 22针×29行=10cm²

【材　料】 蓝色棉线550g

编织要点:

1.先织后片，用8号棒针起92针，编织下针，不加不减织31cm到腋下，按图示，进行袖窿减针，袖窿织18.5cm，织至最后2cm，按图示，进行后领减到针，肩留20针，待用。

2.前片，用8号棒针起92针，编织花样A，不加不减织31cm到腋下，按图进行袖窿减针，织至最后7cm，按图示进行领口减针，肩留20针，待用。

3.袖，用8号棒针起45针，编织花样A，并按图示进行袖下加针，织38.5cm到腋下，进行袖山减针，减针方法如图，减针完毕，袖山形成；用相同的方法编织另一只袖子，编织花样A。

4.缝合，分别合并肩线和侧缝线，并缝合袖子。

5.领，挑织下针10行。

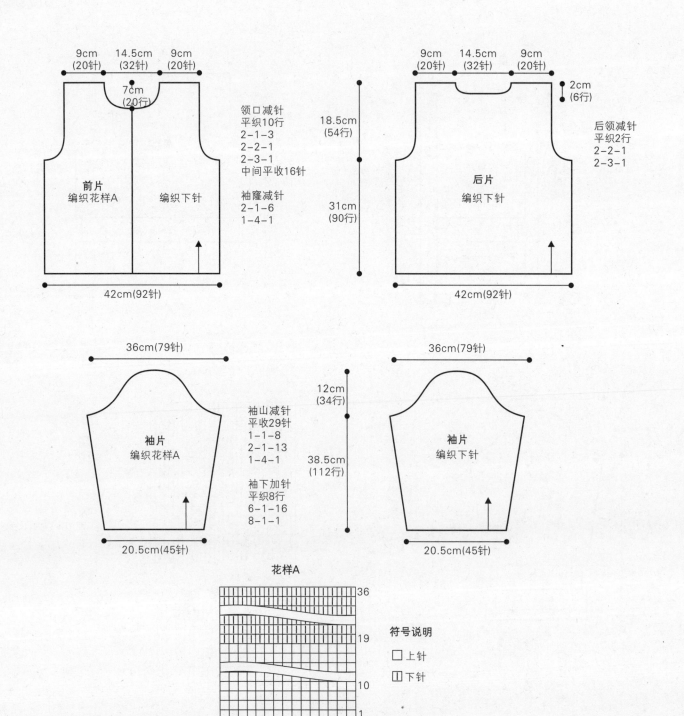

前片
编织花样A　编织下针

9cm(20针)　14.5cm(32针)　9cm(20针)

7cm(20行)

领口减针
平织10行
2-1-3
2-2-1
2-3-1
中间平收16针

袖窿减针
2-1-6
1-4-1

42cm(92针)

后片
编织下针

9cm(20针)　14.5cm(32针)　9cm(20针)

2cm(6行)

18.5cm(54行)

31cm(90行)

后领减针
平织2行
2-2-1
2-3-1

42cm(92针)

袖片
编织花样A

36cm(79针)

袖山减针
平收29针
1-1-8
2-1-13
1-4-1

袖下加针
平织8行
6-1-16
8-1-1

20.5cm(45针)

袖片
编织下针

36cm(79针)

12cm(34行)

38.5cm(112行)

20.5cm(45针)

花样A

36

19

10

1

符号说明

□ 上针

▥ 下针

作品37

【成品规格】	见图
【工 具】	2.5.mm德国ADD环针
【编织密度】	32针×37行=10cm²
【材 料】	木兰阁进口银丝棉线400g

编织要点:

1.根据结构图所示,衣身分为左右前片、后片编织,所有的加减针均留3针做边针。

2.后片,起75针织单罗纹26行,6行加1针加1次,8行加1针加2次,平织4行后单罗纹结束。往上织平针;在两侧加针,2行加1针加8次,4行加1针加14次,平织4行开挂肩,两侧收针:2行收1针收7次,4行收1针收4次,6行收1针收3次,平织27行后平收。

3.前片,以左前片为例,起120针,门襟19针织上针,其余织平针;里侧织往返针,2行返4针返8次,2行返5针返5次;开始收针,2行收1针收1次,4行收2针收20次,2行收2针收11次,1行收1针收12次,2行收1针收6次;然后加针,4行加1针加1次,6行加1针加7次,再减针,6行减1针减6次,4行减1针减7次,平织4行后平收。门襟的一侧织8针后,从侧边挑8针同织;平织197行后在平针的外边收针,6行收1针收6次,8行收1针收3次,平织8行。用相同的方法织右前片。

4.口袋,从底边挑起43针织上针,织55行后织8行平针,缝合两侧。

5.缝合,将左右前片与后片肩线对齐,先缝合侧面腋下,再缝合左右前片的中心线,再折至后片,并与后片肩线缝合,最后,在袖隆口钩1行逆短针为边缘。

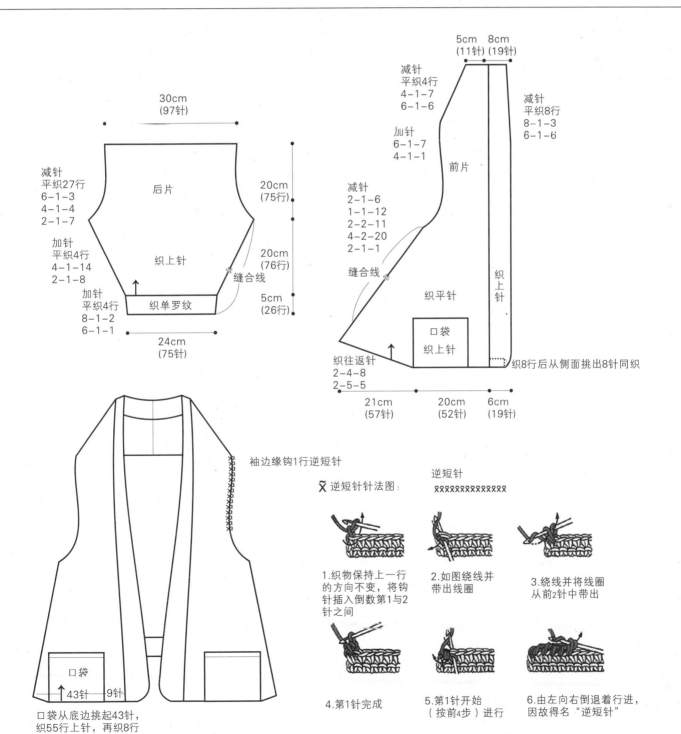

30cm (97针)

后片

织上针

减针 平织27行 6-1-3 4-1-4 2-1-7

加针 平织4行 4-1-14 2-1-8

加针 平织4行 8-1-2 6-1-1

织单罗纹

缝合线

20cm (75行)

20cm (76行)

5cm (26行)

24cm (75针)

5cm (11针) 8cm (19针)

减针 平织4行 4-1-7 6-1-6

加针 6-1-7 4-1-1

减针 2-1-6 1-1-12 2-2-11 4-2-20 2-1-1

减针 平织8行 8-1-3 6-1-6

前片

缝合线

织平针

织上针

口袋 织上针

织往返针 2-4-8 2-5-5

织8行后从侧面挑出8针同织

21cm (57针) 20cm (52针) 6cm (19针)

口袋 43针 9针

口袋从底边挑起43针,织55行上针,再织8行平针平收;缝合即可

袖边缘钩1行逆短针

逆短针

逆短针针法图:

1.织物保持上一行的方向不变,将钩针插入倒数第1与2针之间

2.如图绕线并带出线圈

3.绕线并将线圈从前2针中带出

4.第1针完成

5.第1针开始 (按前4步)进行

6.由左向右倒退着行进,因故得名"逆短针"

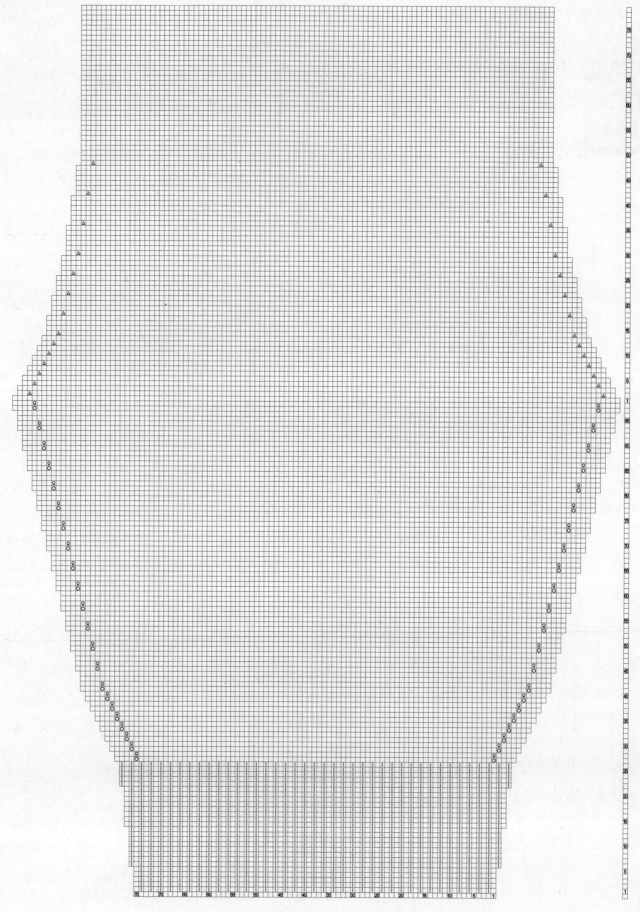

□=⊡

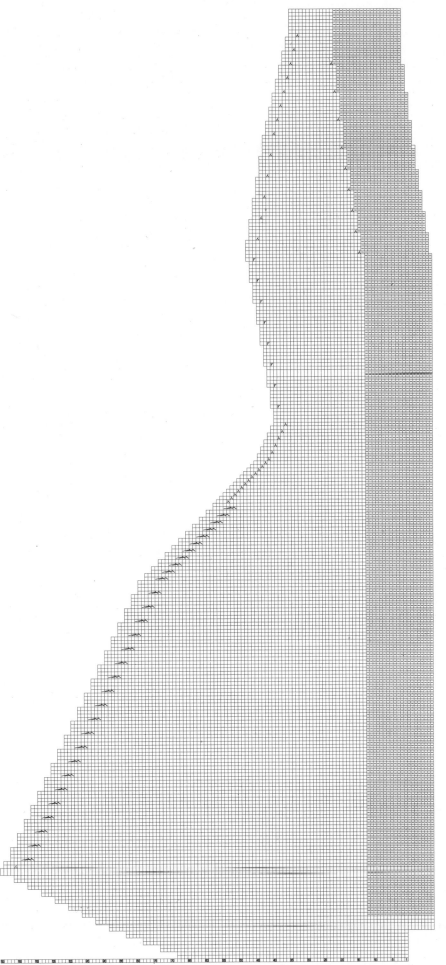

作品38

【成品规格】 长55cm，胸围90cm

【工　具】 3.5mm可乐钩针

【材　料】 段染毛线550g

编织要点：

1.参照图1的图解，从腋下起针钩半圆形，第2行钩10行长针，参照图解，每行加针，前9行钩编完毕后，钩30针长针，参照图解，钩花样到第19行，为肩线，第20～29行减针为领口。后片前9行钩编完毕后，钩30针长针，参照图解，钩花样到第29行，结束图1。

2.参照图2的基本图解，钩图2前后两片。

3.参照外围花边的基本图解，钩花边1行。

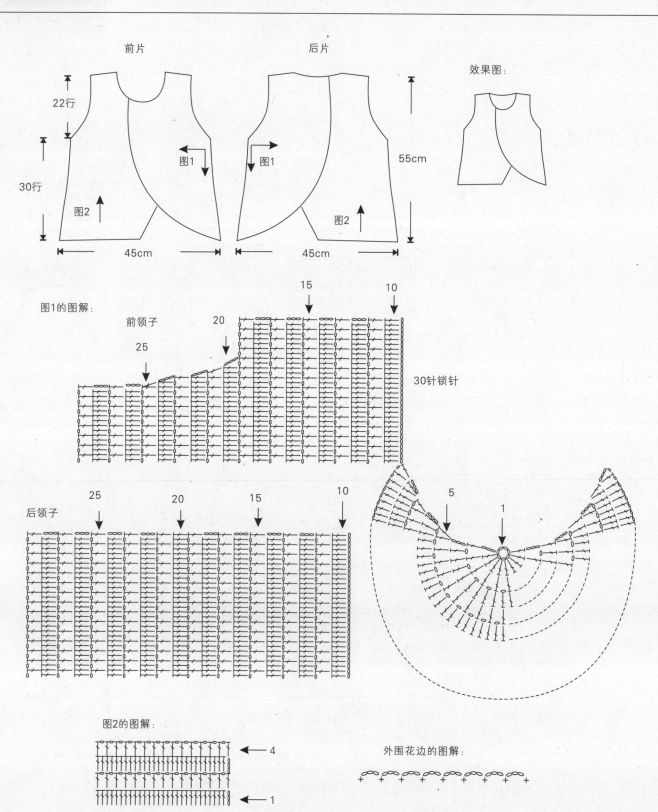

前片　　　后片　　　效果图：

22行　30行

图1　图2

45cm　45cm　55cm

图1的图解：

前领子　　20　　15　　10

25

30针锁针

后领子　　25　　20　　15　　10

5　　1

图2的图解：

4

1

外围花边的图解：

作品39

【成品规格】 胸宽42cm，衣长50cm

【工　　具】 7号、9号棒针

【编织密度】 25.5针×30行=10cm²

【材　　料】 米色夹花毛线650g，纽扣3枚

编织要点：

1.先织后片，用9号棒针起98针，编织单罗纹13行，换7号棒针，均匀加针到108针，编织花样A，不加不减织26.5cm到腋下，按图示，进行斜肩减针，斜肩织19cm，后领留38针，待用。

2.前片，用9号棒针起98针，编织单罗纹13行，换7号棒针，均匀加针到108针，编织花样A，不加不减织26.6cm到腋下，按图进行斜肩减针，织至最后2cm，按图示进行领口减针。

3.袖，先织左袖片，用9号棒针起50针，编织单罗纹13行，换7号棒针，均匀加针到58针，编织花样A，并按图示进行袖下加针，织30cm到腋下，进行斜肩减针，减针方法如图；用相同的方法编织另一只袖子，注意在袖山处按图示编织扣眼。

4.缝合，分别合并肩线和侧缝线，并缝合袖子。

5.领，挑织单罗纹14行。

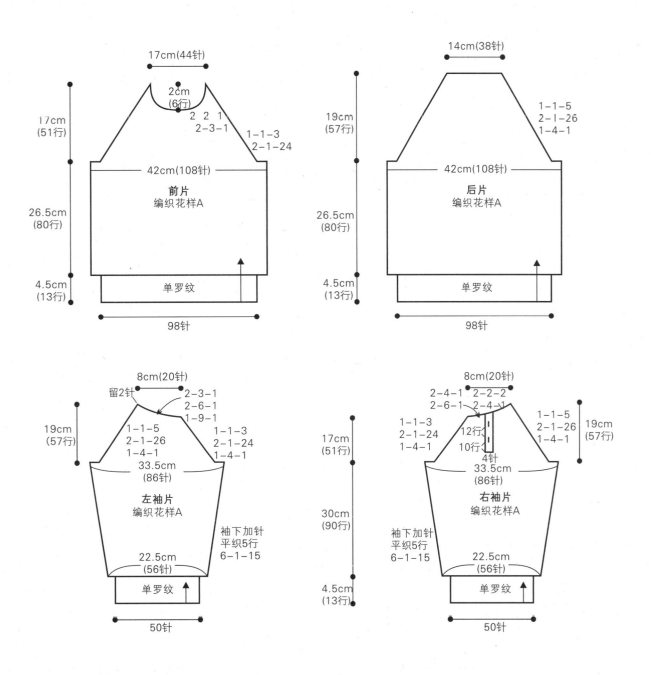

符号说明

☐

Ⅰ 下针

Ⅺ 扭针

⧓ 左上2针和1针的交叉针

⧓ 左上2针交叉针

花样A

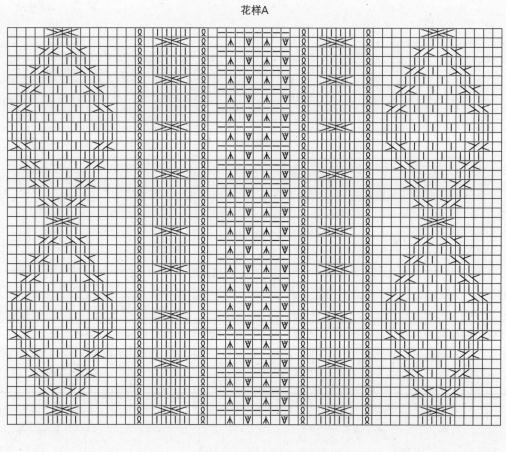

作品40

【成品规格】	胸宽40cm，衣长47cm，肩宽31.5cm，袖长50.5cm
【工　　具】	8号、9号、11号棒针
【编织密度】	22.5针×32行=10cm²
【材　　料】	中粗毛线550g

编织要点：

1.先织后片，用9号棒针起91针，编织单罗纹，织5cm，换8号棒针，编织下针，不加不减织26cm到腋下，进行袖隆减针，织至袖隆长16cm，用线穿上，待用。

2.前片，用9号棒针起91针，编织单罗纹，织5cm，换8号棒针，编织下针，织38行，按图示，进行领口减针，两侧不加不减织26cm到腋下，进行袖隆减针，如图，袖隆织16cm，肩留18针，待用。

4.缝合，分别合并肩线，侧缝线和袖下线，并缝合袖子。

6.领口，用11号棒针挑织单罗纹。

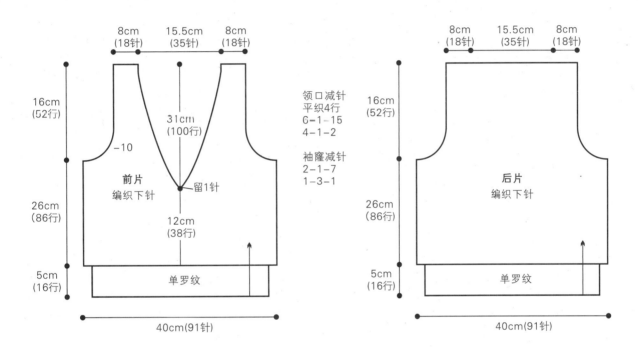

前片部分标注：
- 8cm(18针)　15.5cm(35针)　8cm(18针)
- 16cm(52行)
- 31cm(100行)
- −10
- 前片 编织下针
- 留1针
- 26cm(86行)
- 12cm(38行)
- 5cm(16行)
- 单罗纹
- 40cm(91针)

领口减针
平织4行
6-1-15
4-1-2

袖隆减针
2-1-7
1-3-1

后片部分标注：
- 8cm(18针)　15.5cm(35针)　8cm(18针)
- 16cm(52行)
- 26cm(86行)
- 后片 编织下针
- 5cm(16行)
- 单罗纹
- 40cm(91针)

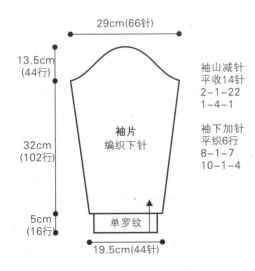

袖片部分标注：
- 29cm(66针)
- 13.5cm(44行)
- 袖片 编织下针
- 32cm(102行)
- 5cm(16行)
- 单罗纹
- 19.5cm(44针)

袖山减针
平收14针
2-1-22
1-4-1

袖下加针
平织6行
8-1-7
10-1-4

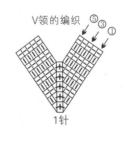

V领的编织
⑤③①
1针

领口

作品41

【成品规格】 胸宽42cm，衣长50cm，肩宽42cm

【工　具】 8号棒针

【编织密度】 18.5针×21.5行=10cm²

【材　料】 麻线175g

编织要点:

1.先织后片，用8号棒针起126针，织3行搓板针，换织花样A，不加不减织20cm，平收24针，换织花样B，不加不减织至衣长最后2.5cm，按图示进行斜肩和后领的减针，肩留16针，待用。

2.前片，编织方法与后片相同。

3.缝合，分别合并肩线和侧缝线。

4.领，用8号棒针挑织下针6行。

5.袖，用8号棒针挑织上针4行。

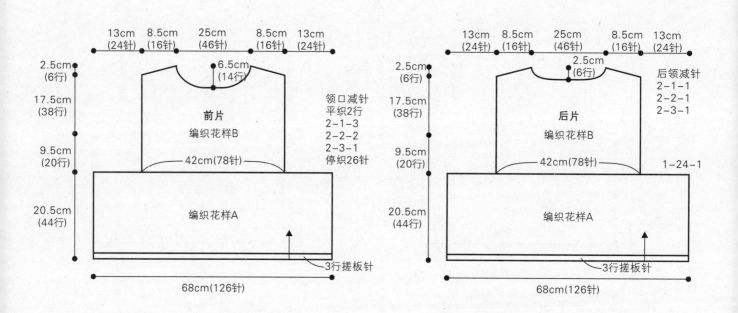

前片：
- 13cm(24针)　8.5cm(16针)　25cm(46针)　8.5cm(16针)　13cm(24针)
- 2.5cm(6行)　6.5cm(14针)
- 17.5cm(38行)
- 前片 编织花样B
- 领口减针 平织2行 2-1-3 2-2-2 2-3-1 停织26针
- 9.5cm(20行) 42cm(78针)
- 20.5cm(44行) 编织花样A
- 3行搓板针
- 68cm(126针)

后片：
- 13cm(24针)　8.5cm(16针)　25cm(46针)　8.5cm(16针)　13cm(24针)
- 2.5cm(6行)　2.5cm(6行)
- 17.5cm(38行)
- 后领减针 2-1-1 2-2-1 2-3-1
- 后片 编织花样B
- 9.5cm(20行) 42cm(78针)
- 1-24-1
- 20.5cm(44行) 编织花样A
- 3行搓板针
- 68cm(126针)

符号说明

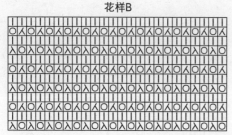

- □ 下针
- 曰 上针
- ⊙ 放针
- 冈 拨针
- 人 2针并1针
- 左上2针交叉针

搓板针

花样B

花样A

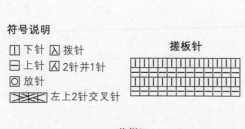

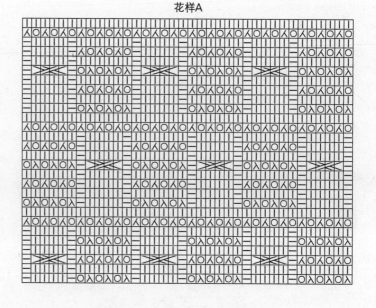

作品42

【成品规格】胸宽40cm，衣长53cm，肩宽32cm，袖长48cm

【工　具】8号、10号棒针

【编织密度】28针×32.5行=10cm²

【材　料】中粗毛线650g

编织要点：

1.先织后片，用10号棒针起110针，编织花样A，不加不减织14cm，换8号棒针，均匀加针到112针，编织花样B，织19.5cm到腋下，按图示，进行袖窿减针，袖窿织19.5cm，织至最后2cm，按图示，进行后领减针，肩留22针，待用。

2.前片，用10号棒针起110针，编织花样A，不加不减织14cm，换8号棒针，均匀加针到112针，编织花样A，织19.5cm到腋下，按图进行袖窿减针，织至最后3.5cm，按图示进行领口减针，肩留22针，待用。

3.袖，用10号棒针起57针，编织花样A，不加不减织13cm，换8号棒针，编织花样B，并按图示进行袖下加针，织27.5cm到腋下，进行袖山减针，减针方法如图，减针完毕，袖山形成。用相同的方法编织另外一只袖子。

4.缝合，分别合并肩线侧缝线，并缝合袖子。

5.领，挑织花样A。

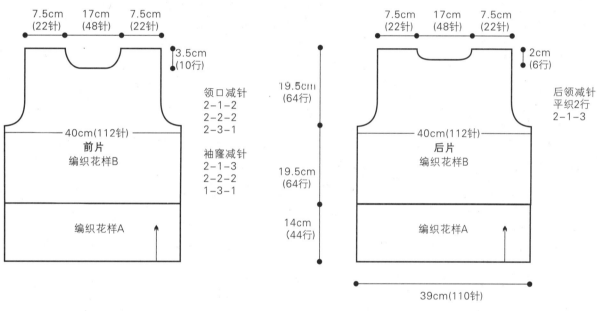

前片

7.5cm（22针）　17cm（48针）　7.5cm（22针）

3.5cm（10行）

领口减针
2-1-2
2-2-2
2-3-1

袖窿减针
2-1-3
2-2-2
1-3-1

40cm（112针）

前片
编织花样B

编织花样A

后片

7.5cm（22针）　17cm（48针）　7.5cm（22针）

2cm（6行）

后领减针
平织2行
2-1-3

19.5cm（64行）

19.5cm（64行）

14cm（44行）

40cm（112针）

后片
编织花样B

编织花样A

39cm（110针）

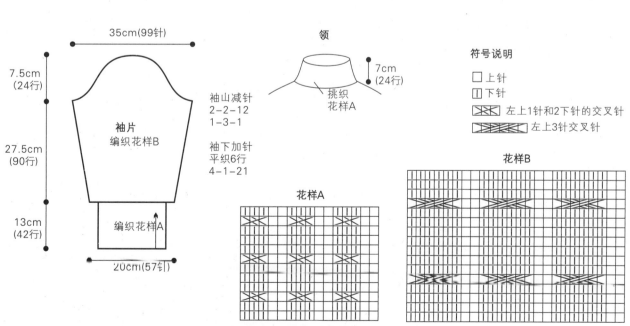

袖片

35cm（99针）

7.5cm（24行）

袖山减针
2-2-12
1-3-1

袖下加针
平织6行
4-1-21

27.5cm（90行）

袖片
编织花样B

13cm（42行）

编织花样A

20cm（57针）

领

7cm（24行）

挑织花样A

符号说明

□ 上针

Ⅱ 下针

 左上1针和2下针的交叉针

 左上3针交叉针

花样A

花样B

作品43

【成品规格】	长58cm，胸围92cm
【工　具】	3.0mm可乐钩针，10号棒针
【材　料】	缎染毛线200g

编织要点:

1.参照棒针图解，从腰部向上编织每行14组花样，编织64行后分袖，后片为7组花样，前片各为3.5组花样，参照减针方法编织完前后片。袖子从袖口起5组花样向上编织，参照减针方法编织完袖片。

2.在棒针织片的基础上向下钩花样，参照钩针花样，向下钩15行，每行钩12组花样。

3.参照花边花样图解，在衣服外围和袖口钩花边3行。

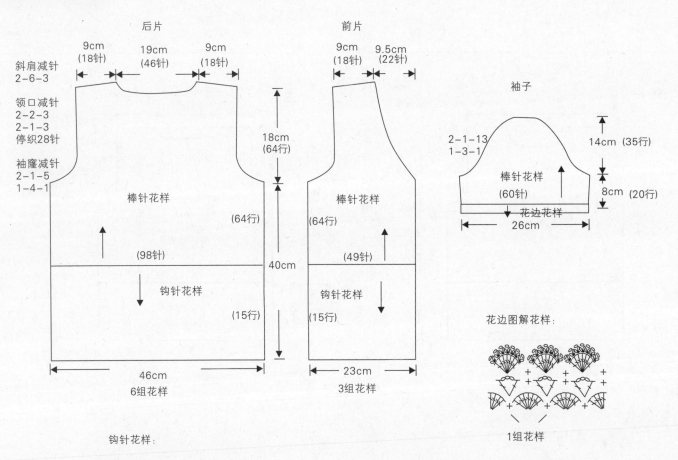

后片

9cm (18针)　19cm (46针)　9cm (18针)

斜肩减针
2-6-3

领口减针
2-2-3
2-1-3
停织28针

袖窿减针
2-1-5
1-4-1

棒针花样
(64行)

(98针)

18cm (64行)

40cm

钩针花样
(15行)

46cm
6组花样

前片

9cm (18针)　9.5cm (22针)

棒针花样
(64行)

(49针)

钩针花样
(15行)

23cm
3组花样

袖子

2-1-13
1-3-1

棒针花样
(60针)

花边花样

14cm (35行)

8cm (20行)

26cm

花边图解花样:

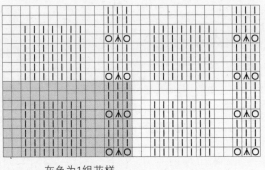

1组花样

钩针花样:

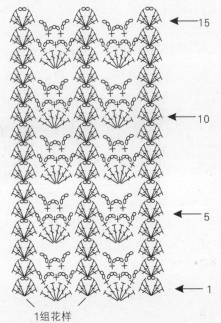

← 15

← 10

← 5

← 1

1组花样

棒针花样:

灰色为1组花样

□ = □

作品44

【成品规格】 衣长55cm，胸围120cm

【工　具】 4.0mm、4.5mm德国ADD环针

【编织密度】 13针×17行=10cm²

【材　料】 木兰阁竹棉蕾丝线4股400g

编织要点：

1.结构图，根据结构图所示，衣服为套头衫，分前、后两片编织。

2.后片，参照后片图解，用4.0mm德国ADD环针起80针织8行平针，换4.5mm德国ADD环针编织，将针数分成两部分，右侧为21针织平针，左侧为59针织上针，上针织24行后全部织平针，左侧织48行平针开始织引退针，每4针引退2针共9次；右侧总共织56行后开挂肩，腋下平收4针，每2行收1针4次，织至28行时开后领窝，平收22针，两侧每2行收2针收2次，平织4行，肩部收。

3.前片，参照前片图解，用4.0mm德国ADD环针起80针织8行平针，换4.5mm德国ADD环针编织，将针数分成两部分，左侧23针织平针，右侧57针织上针，织46行后全部织平针，腋下及引退针同后片织20行后开领窝，中间平收20针，两侧每2行收2针收2次，平织12行，肩部平收。

4.领口、袖口，将前后片对齐缝合腋下两侧及肩部，并分别在领口、袖口处挑针织领和一侧袖口，均织平针8行后平收，领口、袖口自然卷曲与不对称肩，形成独特品位。

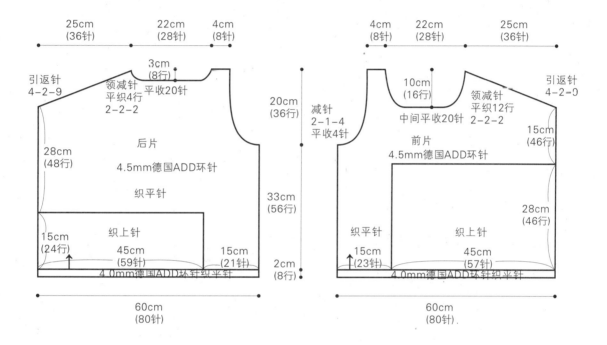

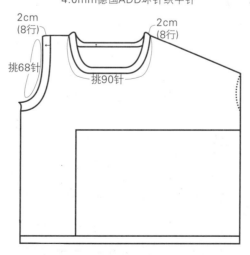

领和袖口
4.0mm德国ADD环针织平针

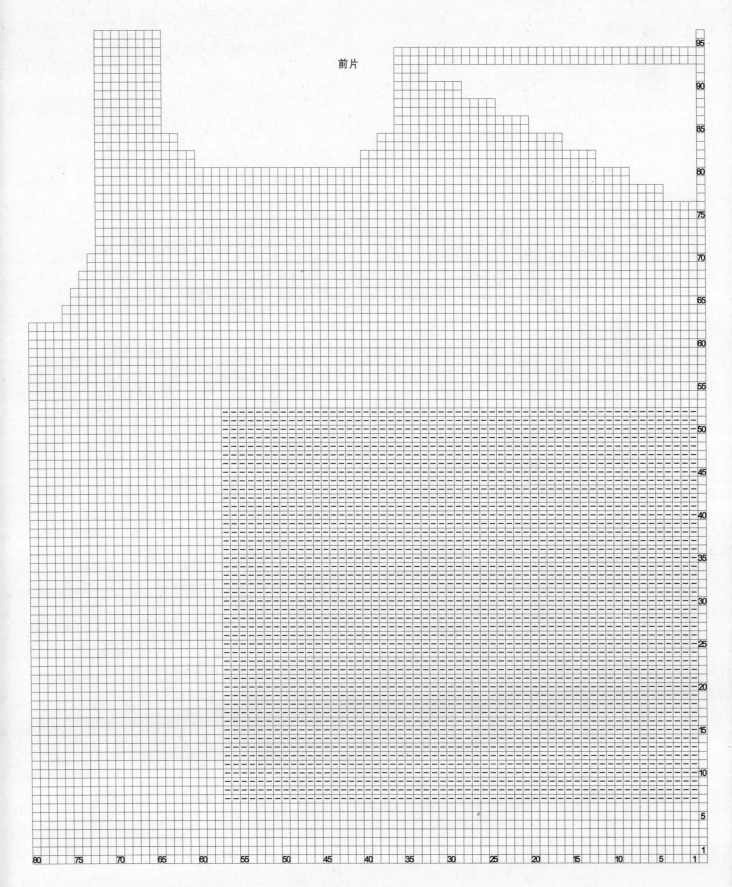

前片

□ = 1

后片

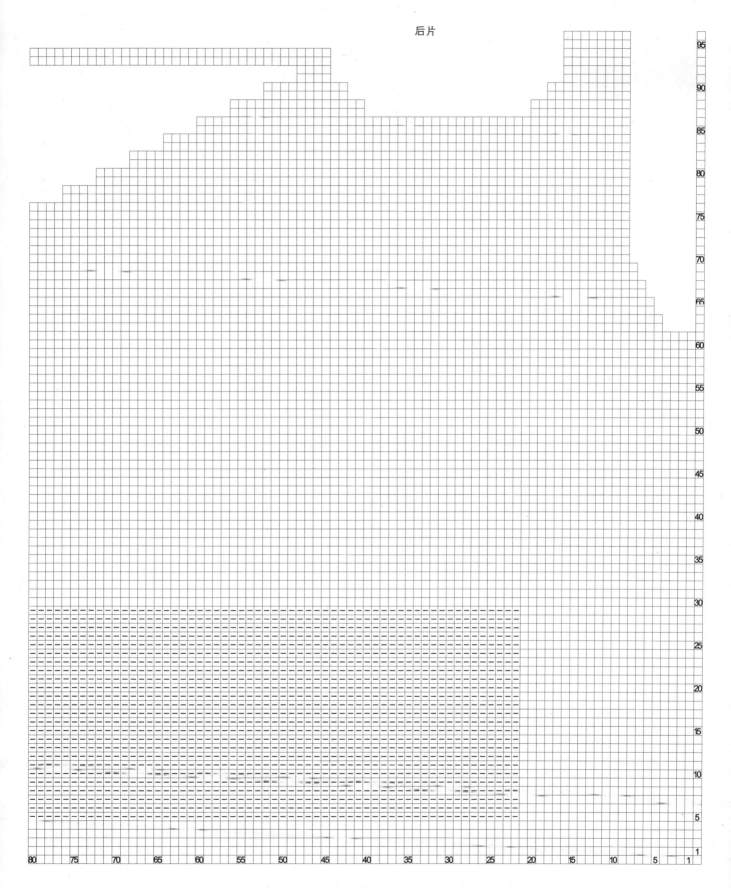

□=①

作品45

【成品规格】	长150cm，高75cm	
【工　具】	3.5mm可乐钩针	
【材　料】	段染毛线400g	

编织要点：

披肩从对称中线起针，第1行起15针锁针，第1~16行钩扇形花样。第17行钩网针，第18行钩每3针长针，2针锁针，依次重复，钩到第24行。第25~32行钩扇形花样。第33~40行钩每3针长针，2针锁针，依次重复。第41到结束钩扇形花样。

披肩图解：

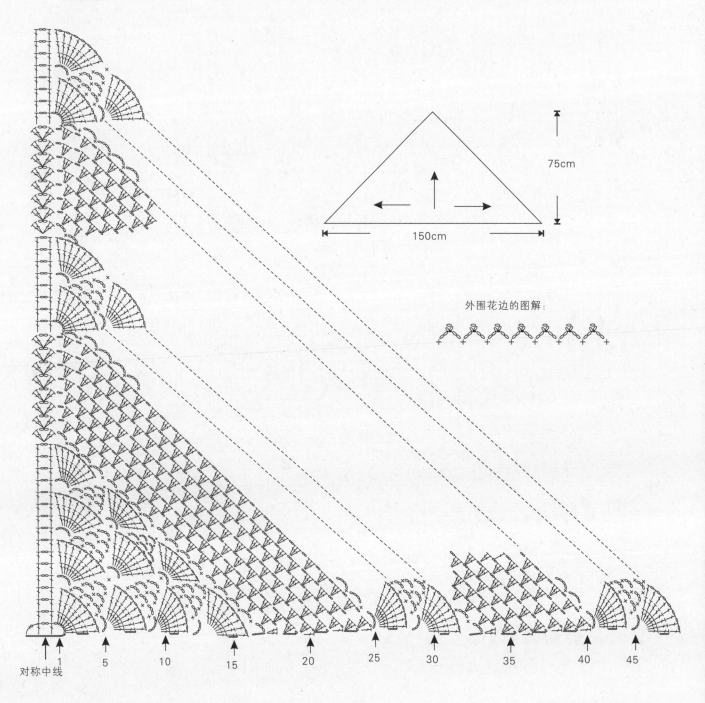

75cm

150cm

外围花边的图解：

对称中线　1　5　10　15　20　25　30　35　40　45

作品46

【成品规格】	长150cm，宽65cm
【工 具】	3.0mm可乐钩针
【材 料】	橙色毛线200g

编织要点:

披肩从对称中线起针，钩22行。
参照披肩图解，钩半圆的形状，从第1行起，在转弯处加针。第9行钩到对称中线时反转钩18针锁针，第9~14行左右边为单独，第15起左右两边一起钩编一直到第24行，第25行重新起18针锁针重复第9~24行的花样。

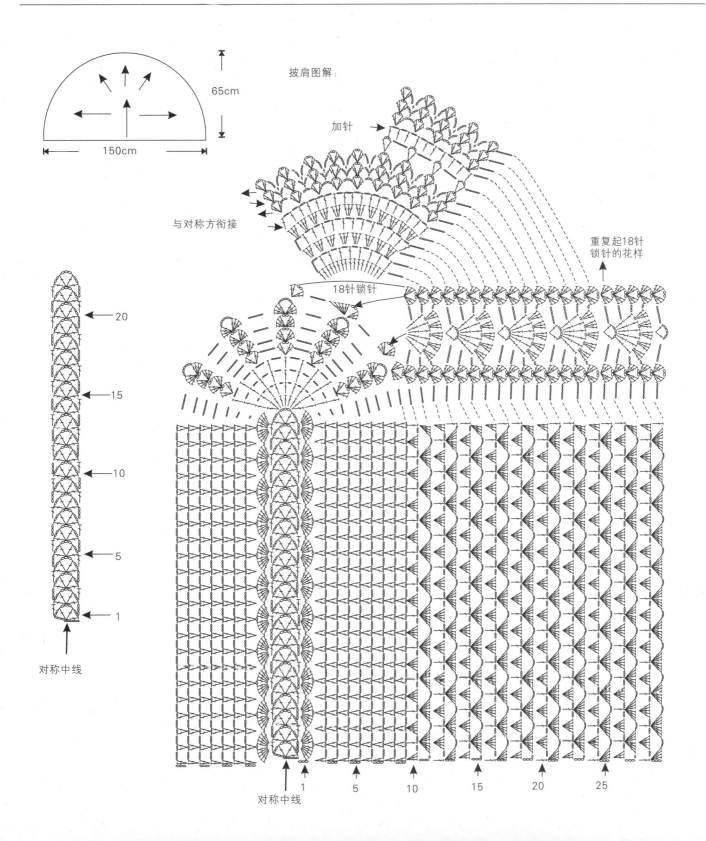

披肩图解:

加针

与对称方衔接

18针锁针

重复起18针
锁针的花样

65cm

150cm

对称中线

1　5　10　15　20　25

对称中线

作品47

【成品规格】	长59cm，胸围90cm
【工　具】	3.0mm可乐钩针
【材　料】	灰色毛线400g

编织要点：

1.参照基本花样的图解，从帽顶起24组花样，钩30行为帽子。

2.参照基本花样的图解，将24组花样分为2个6组花样延伸前片，和12组花样延伸后片。继续加针9组花样，共20组。然后不加减针继续钩22行。

3.参照单元花和拼花的图解，拼接单元花14个。4.参照基本花样的图解，继续不加减针钩5行。5.参照基本花样的图解，从肩点向下钩加针到袖口为14组花样。6.参照外围花边的图解，钩花边2行。

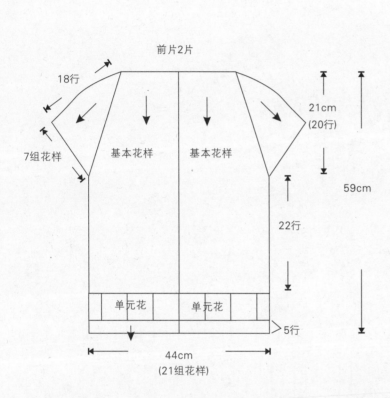

前片2片

18行

7组花样

基本花样　基本花样

21cm（20行）

59cm

22行

单元花　单元花

5行

44cm（21组花样）

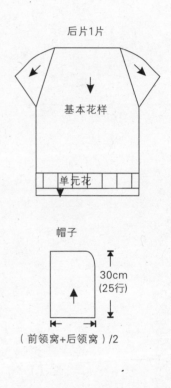

后片1片

基本花样

单元花

帽子

30cm（25行）

（前领窝+后领窝）/2

单元花和拼花的图解：

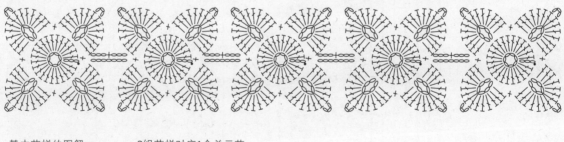

基本花样的图解：　3组花样对应1个单元花

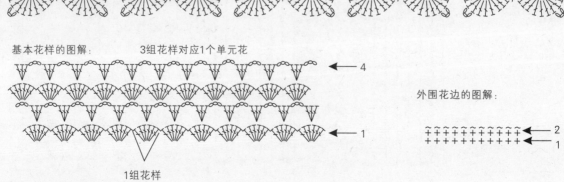

4

1

1组花样

外围花边的图解：

2

1

作品48

【成品规格】 长54.25cm，胸围88cm

【工　　具】 2.5mm可乐钩针

【材　　料】 绿色、酒红色、红色、蓝色、
草绿色和白色毛线各200g

编织要点：

1.参照单元花的图解，钩绿色、酒红色、红色、蓝色、草绿色和白色6种颜色的单元花，共钩单元花395个，每钩1个单元花与前1个单元花拼接。

2.参照拼花颜色的更换规律，轮流绿色、酒红色、红色、蓝色、草绿色和白色6种颜色的更换。

3.参照结构图，从下摆起的10行单元花为圈拼，第11行起分前后片，第11行均为13个单元花，第12行均为14个单元花，第13行均为15个单元花，第14行均为16个单元花，第15行后片为17个单元花，前片分领口，正中央留下5个单元花的空缺位，左右拼6个单元花，第16行为肩线，拼5个单元花拼合前后片。

结构图：

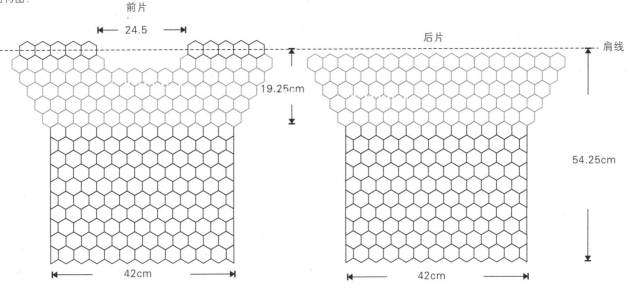

前片

24.5

后片

肩线

19.25cm

54.25cm

42cm

42cm

拼花的颜色更换规律：

单元花的图解：

共钩395个

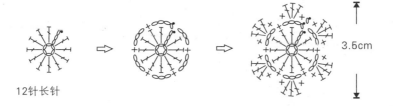

3.5cm

12针长针

作品49

【成品规格】 胸宽43cm，衣长52cm，
肩宽35cm，袖长52cm

【工　　具】 9号棒针

【编织密度】 30.5针×34行=10cm²

【材　　料】 中粗毛线600g

编织要点：

1.先织后片，用9号棒针起132针，编织花样A，不加不减织13cm，换织花样B，织20.5cm到腋下，按图示，进行袖隆减针，袖隆织18.5cm，织至最后2cm，按图示，进行后领减到针，肩留28针，待用。

2.前片，用9号棒针起132针，编织花样A，不加不减织13cm，换织花样A，织20.5cm腋下，按图进行袖隆减针，织至最后5cm，按图示进行领口减针，肩留28针，待用。

3.袖，用9号棒针起72针，编织花样A，不加不减织13cm，换织花样B，并按图示进行袖下加针，织27cm到腋下，进行袖山减针，减针方法如图，减针完毕，袖山形成。

4.缝合，分别合并肩线侧缝线，并缝合袖子。

5.领，挑织下针10行。

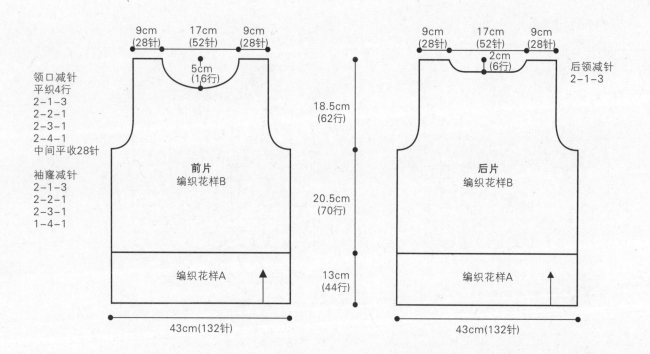

领口减针
平织4行
2-1-3
2-2-1
2-3-1
2-4-1
中间平收28针

袖隆减针
2-1-3
2-2-1
2-3-1
1-4-1

9cm
(28针)　17cm
(52针)　9cm
(28针)

5cm
(16行)

前片
编织花样B

编织花样A

18.5cm
(62行)

20.5cm
(70行)

13cm
(44行)

43cm(132针)

9cm
(28针)　17cm
(52针)　9cm
(28针)

2cm
(6行)

后领减针
2-1-3

后片
编织花样B

编织花样A

43cm(132针)

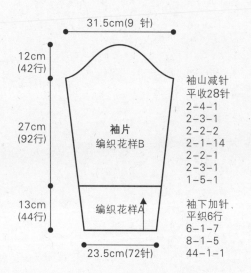

31.5cm(9针)

12cm
(42行)

27cm
(92行)

13cm
(44行)

袖片
编织花样B

编织花样A

23.5cm(72针)

袖山减针
平收28针
2-4-1
2-3-1
2-2-2
2-1-14
2-2-1
2-3-1
1-5-1

袖下加针
平织6行
6-1-7
8-1-5
44-1-1

花样B

花样A

符号说明

⊟ 上针

□ 下针

⋏ 中上3并针

Ω 加针

作品50

【成品规格】 胸宽45cm，衣长75.5cm，肩宽45cm

【工　具】 6号、9号棒针

【编织密度】 19针×24.5行=10cm²

【材　料】 金线400g，3股合

编织要点：

1.先织后片，用9号棒针起112针，编织双罗纹9行，换6号棒针，编织花样A，织至最后12行，按图示开始斜肩减针，织至最后8行时，如图，进行后领减针，肩留23针，待用。前片编织方法相同。

2.缝合，合并肩线，缝合袖下线。

3.领口，按图挑136针，编织双罗纹9行。

4.袖，按图挑96针，编织双罗纹29行，对折，缝合。

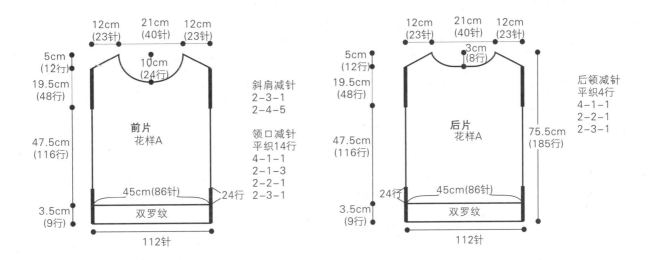

前片 花样A

12cm (23针) 21cm (40针) 12cm (23针)

5cm (12行)
19.5cm (48行)
47.5cm (116行)
3.5cm (9行)

10cm (24行)

斜肩减针
2-3-1
2-4-5

领口减针
平织14行
4-1-1
2-1-3
2-2-1
2-3-1

45cm(86针) 24行

双罗纹

112针

后片 花样A

12cm (23针) 21cm (40针) 12cm (23针)

3cm (8行)

5cm (12行)
19.5cm (48行)
47.5cm (116行)
3.5cm (9行)

75.5cm (185行)

后领减针
平织4行
4-1-1
2-2-1
2-3-1

24行 45cm(86针)

双罗纹

112针

11.5cm (29行)

挑96针

袖 双罗纹

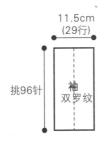

领
挑织双罗纹136针

袖
挑织96针

花样A

符号说明
□ 下针
Ｏ 放针
⅄ 拨针
Λ 2针并1针

作品51

【成品规格】 长160cm，宽50cm

【工　　具】 6号棒针

【编织密度】 15针×17行=10cm²

【材　　料】 粉色围巾线300g

编织要点：

1.起17针，编织花样A，如图示进行斜边加针，织至134行，不加不减织10行，继续按图示进行斜边减针，减至最后17针，收针断线。

2.流苏，按图示制作流苏。

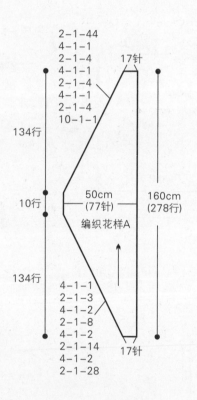

2-1-44
4-1-1
2-1-4
4-1-1
2-1-4
4-1-1
2-1-4
10-1-1

17针

134行

50cm
（77针）

160cm
（278行）

编织花样A

10行

134行

4-1-1
2-1-3
4-1-2
2-1-8
4-1-2
2-1-14
4-1-2
2-1-28

17针

流苏的制作

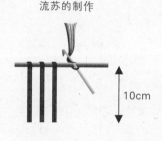

10cm

符号说明

□ 下针

□ 上针

左上2针交叉针

右上5针交叉针

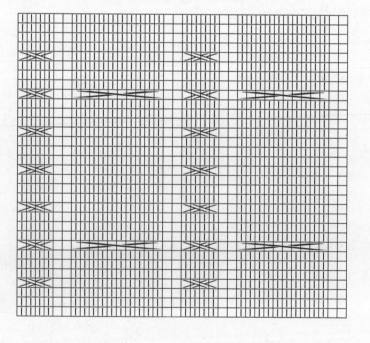

作品52

【成品规格】 长150cm，宽30cm

【工　具】 3.5mm可乐钩针

【材　料】 灰色毛线400g

编织要点：

参照披肩图解，第1行起锁针82针，3针为立起针，79针钩13组花样，第2行每6针钩1组花样。第3行在每组花样上钩5针长针，3针锁针过度，第4行在3针锁针上钩6针长针，第5行在每组花样上钩5针长针，3针锁针过度。按照第2～5行的钩法，一直钩到第105行结束披肩。

围巾的尺寸：

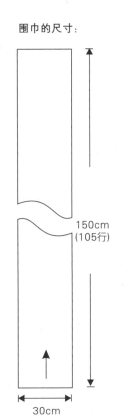

150cm
(105行)

30cm
13组花样

基本花样的图解：

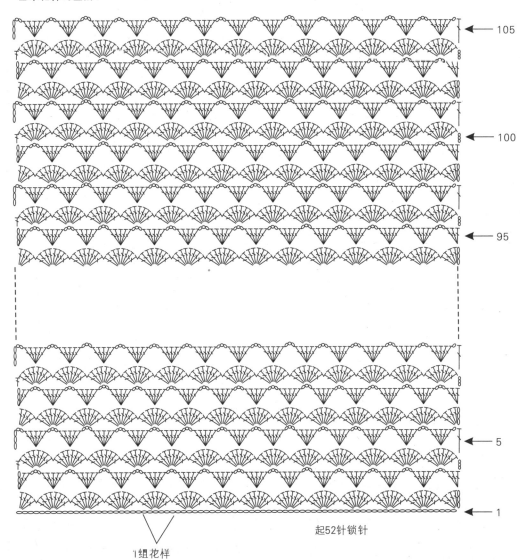

← 105

← 100

← 95

← 5

← 1

起52针锁针

1组花样

作品53

【成品规格】　长60cm，胸围95cm

【工　具】　3.5mm可乐钩针

【材　料】　段染毛线350g

编织要点：

参照图解，从侧面起174锁针，不加减针向上钩50cm的长度后钩袖口。再参照图解同样不加减针向上钩50cm的长度后钩另外一个袖口，最后再继续钩花样50cm的长度。

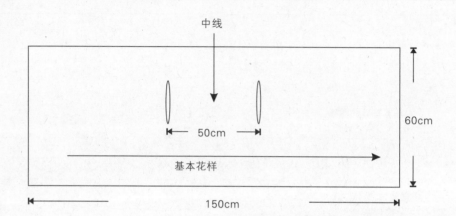

基本花样

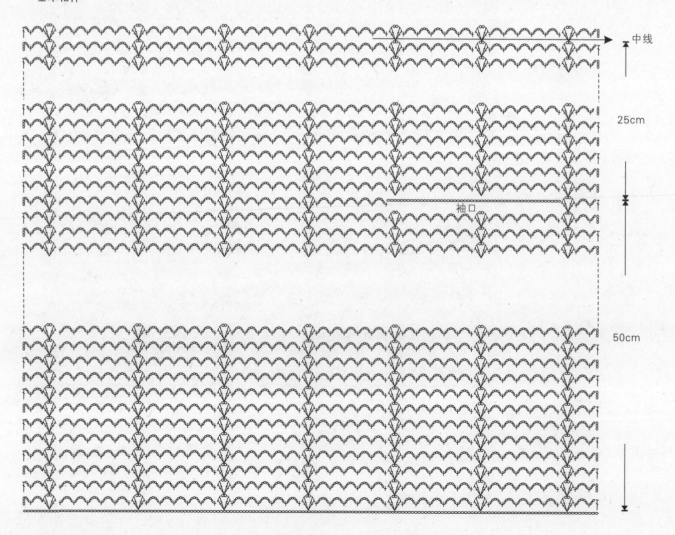

起174针锁针

作品54

【成品规格】 胸宽45cm，衣长57.5cm，
肩宽34.5cm

【工　具】 10号、11号棒针

【编织密度】 28.5针×40行=10cm²

【材　料】 羊绒线350g

编织要点：

1.先织后片，用11号棒针起129针，编织花样A，织10cm，
换10号棒针编织下针，不加不减织26cm到腋下，进行袖隆
减针，织至袖隆长76行时，开始后领减针，减针方法如图，
织至衣长最后1.5cm时，开始斜肩减针，肩留23针，待用。
2.前片，用11号棒针起129针，编织花样A，织10cm，换
10号棒针，编织花样A，不加不减织26cm到腋下，进行袖隆
减针，如图，织4行，开始领口减针，织至衣长最后
1.5cm，按图示开始斜肩减针，肩留23针，待用。
3.缝合，分别合并侧缝线和肩线。
4.领口，袖隆分别用11号棒针挑织花样A16行。

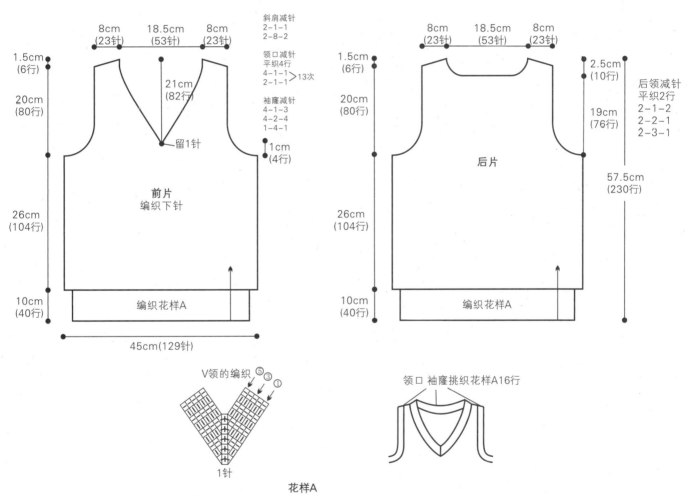

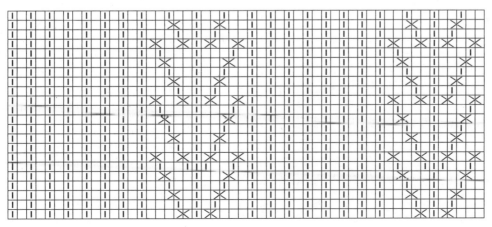

花样A

符号说明
□=⊟上针
|⊺| 下针
⊠ 左上交叉针
⊠ 右上交叉针

作品55

【成品规格】	胸宽40.5cm，衣长71.5cm，袖长(连肩)62cm
【工　具】	8号、11号棒针
【编织密度】	下针：22针×30行=10cm² 元宝针：24.5针×61行=10cm²
【材　料】	中细毛线1200g，2股合

编织要点：

1.先织后片，用11号棒针起110针，织17cm元宝针后，换8号棒针编织下针，两侧如图示减针，织35cm到腋下，开始斜肩减针，减针方法如图，织23cm，后领留28针，待用。

2.前片，用11号棒针起69针，织7cm元宝针，换8号棒针，均匀减针至64针，编织下针，门襟由16针元宝针加6针，织单罗纹，侧缝如图示减针，织35cm到腋下，开始斜肩减针，如图示，织23cm，领留32针；用同样的方法织另一片前片。

3.袖片，用8号棒针起44针，编织下针，按图边织边加针，织40cm到腋下，进行斜肩减针，减针方法如图，肩留22针，待用；用同样的方法织好另一片袖片。

4.袋，用8号棒针起52针，按图减针，织18cm，对折，缝合。

5.合并侧缝线、口袋和袖下线并缝合袖子。

6.帽，挑织，按图加减针，织30cm，编织2片，缝合在一起。

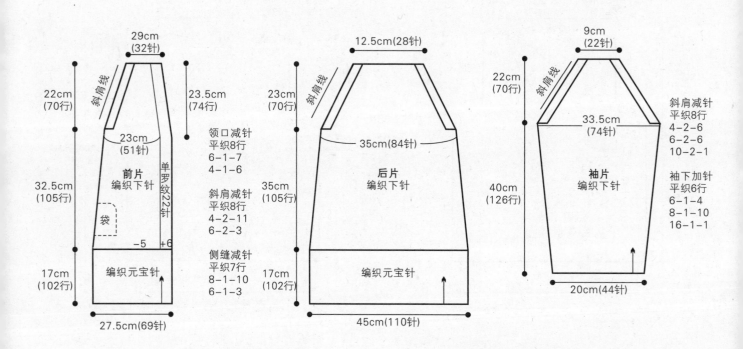

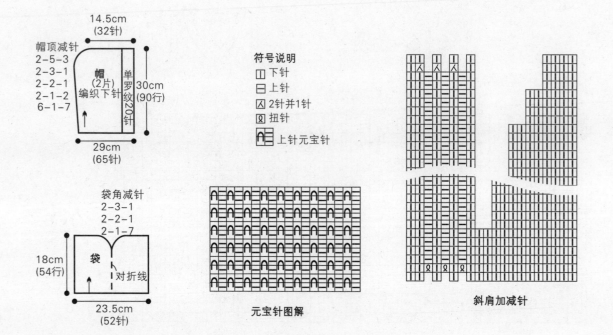

元宝针图解

斜肩加减针

符号说明

□ 下针
日 上针
☒ 2针并1针
回 扭针
A 上针元宝针